边缘计算2.0

网络架构与技术体系

雷波 宋军 曹畅 刘鹏◎著

电子工业出版社·
Publishing House of Electronics Industry
北京·BEIJING

内 容 简 介

这是一本由国内最大的边缘计算组织——边缘计算产业联盟（ECC）官方组织整理出版，讲述边缘计算网络架构与体系的图书。

边缘计算，是指在靠近物或数据源头的网络边缘侧，融合网络、计算、存储、应用核心能力的一个分布式开放平台，其业务本质是云计算在数据中心之外汇聚节点的延伸和演进，主要包括云边缘、边缘云和边缘网关三类落地形态。

全书分为 7 章。第 1～2 章介绍边缘计算的技术体系和网络体系中的 ECA、ECN 等典型特征；第 3～4 章介绍边缘计算网络关键技术和 5G 边缘计算网络的体系架构；第 5～6 章介绍边缘计算场景和网络场景；第 7 章介绍边缘计算的未来发展及技术展望。

全书条理清晰，针对性强，不仅适用于想了解边缘计算、边缘计算网络的用户，也适用于从事边缘计算的人员，更适用于高校相关专业的师生。

图书在版编目（CIP）数据

边缘计算 2.0：网络架构与技术体系/雷波等著. —北京：电子工业出版社，2021.2

ISBN 978-7-121-40459-7

Ⅰ.①边… Ⅱ.①雷… Ⅲ.①无线电通信-移动通信-计算 Ⅳ.①TN929.5

中国版本图书馆 CIP 数据核字(2021)第 007903 号

责任编辑：刘　伟

印　　刷：中煤（北京）印务有限公司

装　　订：中煤（北京）印务有限公司

出版发行：电子工业出版社

　　　　　北京市海淀区万寿路 173 信箱　　　邮编：100036

开　　本：720×1000　1/16　印张：11.75　　字数：235 千字

版　　次：2021 年 2 月第 1 版

印　　次：2021 年 2 月第 1 次印刷

定　　价：69.00 元

本书编委会

策划组织：边缘计算产业联盟

主　　编：雷　波　宋　军　曹　畅　刘　鹏

编　　委：黄还青　赵倩颖　李建飞　王江龙　张　帅　何　涛

边缘计算产业联盟（ECC）

　　边缘计算作为新兴产业具备广阔的应用前景，横跨 OT、IT、CT，涉及计算、存储、网络、云、智能视觉等业务领域。

　　边缘计算产业联盟（ECC）是国内规模最大、影响力最广泛的边缘计算领域的产业组织，由中国科学院沈阳自动化研究所、中国信息通信研究院、华为技术有限公司、英特尔公司、ARM 和软通动力信息技术（集团）有限公司联合倡议发起，致力于推动"政产学研用"各方产业资源协同，引领边缘计算产业健康可持续发展。

前　言

　　随着 5G 时代的到来，边缘计算成为科技行业新的业务增长点之一，得到了学术界、产业界以及政府部门的极大关注，在电力、交通、制造、智慧城市等多个行业已经开始了大规模应用。随着应用的逐步深入，越来越多的案例表明，边缘计算的成功部署离不开网络基础设施的配合，尤其在边缘计算的联接性、数据第一入口、约束性、分布性、融合性等基本属性方面，需要相关网络基础设施的密切配合方能很好地实现。

　　目前，现有的网络体系尚未针对边缘计算带来的新需求去做有针对性的优化，在试点较少时尚可以通过临时配置进行调整，但这对于网络的整体演进不利，因为这并未考虑边缘计算所带来的新的流量特点。当前，业界对边缘计算相关的网络技术研究尚处于初期阶段，仍未能形成体系化的研究结论，缺乏对网络体系，尤其是在现有的网络体系中如何进行演进的研究，从而无法应对新型的边缘计算业务的影响。伴随着行业数字化进程的不断深入，持续涌现的新业务对边缘计算提出了新的需求，而这些新的需求必然导致网络架构的变迁。因此，边缘计算网络技术的研究已经成为边缘计算发展的重要前提。

　　基于以上原因，本书希望帮助读者对边缘计算中所涉及的网络技术有系统性的理解，对边缘计算进行全面、具体的阐述。

　　本书共分为 7 章，涵盖了边缘计算相关的网络技术体系的主要内容。第 1 章从整体上介绍了边缘计算中的定义，与云计算的关系以及边缘计算中的网络体系；第 2 章从边缘计算的角度重新划分和定义了网络基础设施，提出将边缘计算相关的网络基础设施分为边缘计算接入网络（ECA）、边缘计算内部网络（ECN）、边缘计算互联网络（ECI）三部分；第 3 章主要介绍了边缘计算网络中的关键技术，如 5G、TSN、SDN、NFV 等；第 4 章介绍了 5G 边缘计算网络的体系架构和设计原则；第 5 章介绍了边缘计算应用的典型场景；第 6 章主要介绍了边缘计算对网络需求的三大典型场景，详细分析了每个场景中边缘计算与网络基础设施之间的关系，得到了七大关键需求；第 7 章对边缘计算网络技术发展趋势和未来可能涉及的技术进行了详尽的阐述。

本书不仅适合通信领域相关从业人员阅读与参考，还适合通信相关专业的高校师生阅读，对关心边缘计算和网络技术的社会各界人士也很有帮助。

由于国内外对边缘计算的研究尚处于形成标准化的阶段，相关的观点和技术方向尚未有确定的标准，限于笔者的认知水平，疏漏在所难免，欢迎读者不吝赐教。

雷波

2020 年 10 月

本书常见缩略语

缩略语	英文全称	中文全称
4G	4th Generation	第四代（移动通信）
5G	5th Generation	第五代（移动通信）
5GC	5G Core	5G 核心网
AI	Artificial Intelligence	人工智能
AN	Access Network	接入网
AMF	Access and Mobility Management Function	访问和移动性管理功能
API	Application Programming Interface	应用程序接口
App	Application	应用
AS	Autonomous System	自治系统
BGP	Border Gateway Protocol	边界网关协议
BNG	Broadband Network Gateway	宽带网络网关
CE	Customer Equipment	客户设备
CDN	Content Delivery Network	内容分发网络
CUPS	Control and User Plane Separation	控制面和用户面分离
DC	Data Center	数据中心
DC-GW	Data Center Gateway	数据中心网关
DN	Data Network	数据网络
EC	Edge Computing	边缘计算
ECA	Edge Computing Access	边缘计算接入网络
ECC	Edge Computing Consortium	边缘计算产业联盟
ECI	Edge Computing Interconnect	边缘计算互联网络
ECMP	Equal-Cost Multi-Path	等价多路径
ECN	Edge Computing Network	边缘计算内部网络
ECNI	Edge Computing Network Infrastructure	边缘计算网络基础设施
EVPN	Ethernet Virtual Private Network	以太网虚拟专用网络
FW	Fire Wall	防火墙
FMC	Fixed Mobile Convergence	固定网络与移动网络融合
IaaS	Infrastructure as a Service	基础设施即服务
IEF	Intelligent Edge Fabric	（华为云）智能边缘平台

缩略语	英文全称	中文全称
L2	Layer 2	二层
L3	Layer 3	三层
LAN	Local Area Network	局域网
MAN	Metro Area Network	城域网
MEC	Multi-access Edge Computing	多接入边缘计算
MEP	MEC Platform	MEC 平台
MP-BGP	Multi-Protocol Extensions for BGP	BGP 多协议扩展
MPLS	Multi-Protocol Label Switching	多协议标签交换
mMTC	massive Machine Type Communications	大规模机器类型通信
NFV	Network Functions Virtualization	网络功能虚拟化
OAM	Operation, Administration and Maintenance	操作管理维护
OTT	Over The Top	指互联网公司越过运营商，发展基于开放互联网的视频、数据服务业务
PaaS	Platform as a Service	平台即服务
PE	Provider Equipment	运营商设备
PLC	Programmable Logic Controller	可编程逻辑控制器
PDU	Packet Data Unit	报文数据单元
SaaS	Software as a Service	软件即服务
SDN	Software Defined Network	软件定义网络
SLA	Service-Level Agreement	服务等级协议
SMF	Session Management Function	会话管理功能
SRv6	Segment Routing IPv6	IPv6 分段路由
UL CL	Uplink Classifier	上行链路分类器
UPF	User Plane Fucntion	用户面功能
URLLC	Ultra-Reliable and Low Latency Communications	超可靠和低时延通信
VM	Virtual Machine	虚拟机
VNF	Virtual Network Function	虚拟网络功能
VPN	Virtual Private Network	虚拟专用网
VxLAN	Virtual Extensible LAN	虚拟扩展局域网
WAN	Wide Area Network	广域网
xPON	x Passive Optical Network	被动光纤网络

目　录

第 1 章

边缘计算的定义与发展

　　在过去的几年中，边缘计算技术（简称边缘计算）的热度得到持续提升，尤其是国内 5G 牌照的发放进一步引爆了业界对边缘计算的关注。那么，到底什么是边缘计算？边缘计算兴起和发展的产业背景是什么？边缘计算与云计算之间是什么关系？边缘计算的发展是否会推动网络产业的发展？我们尝试从回答这些问题入手，讲解本章的内容。

1.1 边缘计算入门

　　由于边缘计算既涉及不同行业、场景、技术的应用，又涉及不同硬件、平台、服务等多层次的产业链，因此这自然会带给人们对边缘计算的不同认知。本节将尝试以相对客观的维度给出边缘计算的准确定义，后续内容的阐述将基于这个统一的定义展开。

1.1.1 产业趋势与挑战

　　我们都知道，从 21 世纪开始，全球数字化革命正引领新一轮的产业变革，行业数字化转型的浪潮也正在孕育兴起。这一波浪潮的显著特点是将"物"纳入智能互联，借助 OT（Operation Technology，运营技术）与 ICT（Information and Communication Technology，信息与通信技术）的深度协作与融合，大幅提升全行业的自动化水平，进而满足用户个性化的产品需求与服务需求，推动技术从产品向服务运营全生命周期转型，触发产品服务及商业模式的创新，并希望对价值链、供应链及生态系统带来长远与深刻的影响。

　　今天，我们从航空业的预测性维护、公共事业领域的电梯智能运营、能源行业的智能抄表和物流行业的全流程跟踪等行业数字化应用中，可以深刻感受到"物"的智能互联无所不在。随着"物"的智能进一步强大，制造、能源、公共事业、交通、健康、农业等行业都将受到影响并发生深刻的改变。当前以"中国制造 2025"、北美工业互联网和欧洲工业 4.0 为代表的产业规划与实施正是这一趋势的直接体现。

　　据 IDC（Internet Data Center，互联网数据中心）的数据统计，到 2020 年年底将有超过 500 亿个终端与设备联网。在不远的未来，将有超过 50%的数据需要在网络边缘侧分析、处理与储存。在行业数字化转型的趋势下，智能互联的网络边缘侧将会面临如下挑战。

1．联接设备的海量与异构

网络是系统互联与数据聚合传输的基石。随着联接设备数量的剧增，网络运维管理、灵活扩展和可靠性保障都面临着巨大挑战。同时，长期以来行业系统中存在大量的异构总线联接，以及多种制式的工业以太网，那么如何兼容多种联接，并且确保海量联接的可接入性、实时性、可靠性是目前必须要解决的现实问题。

2．业务的实时性

部分应用场景涉及系统检测、控制、执行等操作，这就要求业务的实时性要高，甚至一小部分场景要求实延控制在 10ms 以内，比如工业控制场景。一些新应用、新场景对实时性的要求也很高，如果无法提供低时延能力，那么将严重影响新业务的发展，如边缘云游戏场景。如果这部分业务场景的数据处理、分析和控制逻辑全部在云端实现，那么目前的云端处理速度难以满足业务的实时性要求。

3．应用的智能性

随着业务创新、体验创新、商业模式创新、业务流程优化与运维自动化等项目驱动应用走向智能性，以预测性维护为代表的智能化应用场景正推动行业向新的服务模式与商业模式转型。相比其他智能，边缘侧智能能够带来显著的体验、效率与成本优势。

4．数据的优化

当前网络边缘存在大量的多样化异构数据，需要通过数据优化实现它们的聚合、统一呈现与开放，以便能灵活、高效地服务于边缘应用的智能产品。

5．安全与隐私保护

安全横跨云计算和边缘计算，需要实施端到端的防护。网络边缘侧由于更贴近万物互联的设备及用户，访问控制与威胁防护的广度和难度也因此得到大幅提升。边缘侧安全主要涵盖电信运营商、企业与 IoT（Internet of Things，物联网）、工业，涉及 Security（保护）、Privacy（隐私）、Trusty（可信）、Safety（安全）四类安全，包括边缘基础设施安全、边缘网络安全、边缘数据安全、边缘应用安全，如图 1-1 所示。

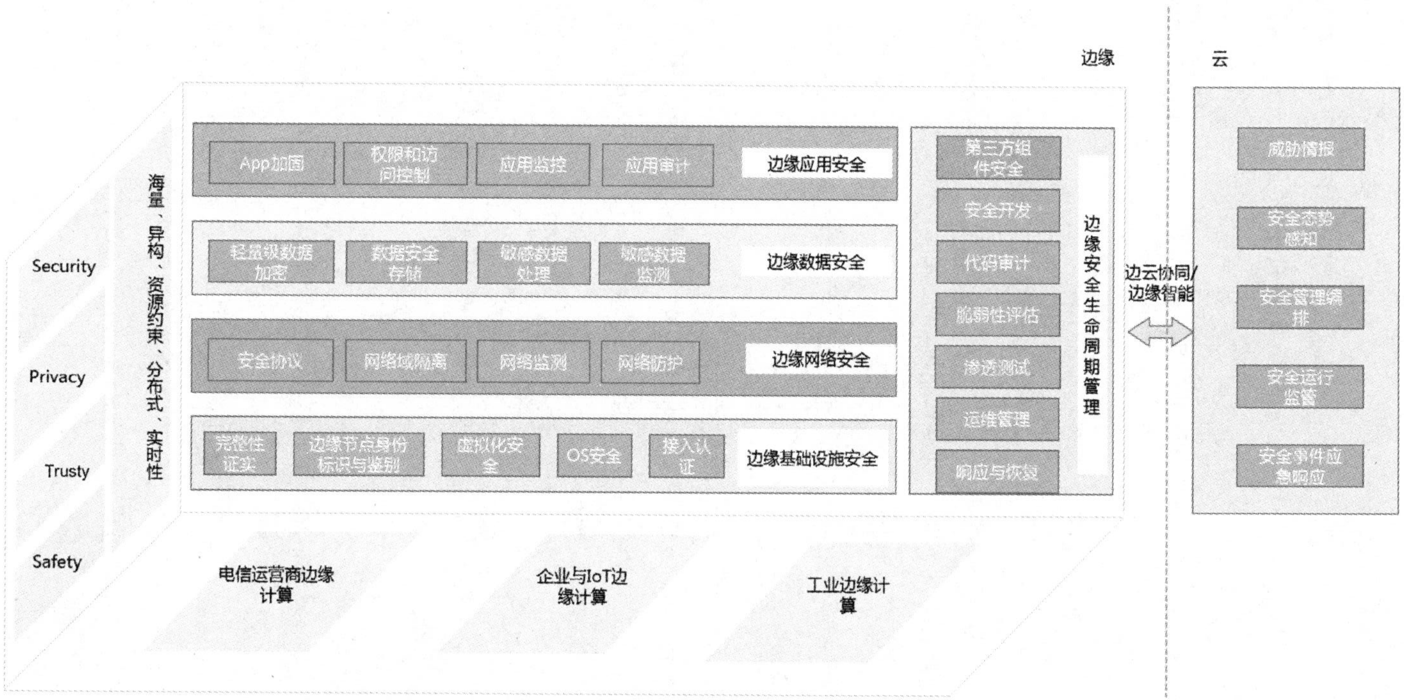

图 1-1　边缘安全参考框架

1.1.2　边缘计算简介

1．边缘计算的相关定义

边缘计算，是指在靠近物或数据源头的网络边缘侧，融合网络、计算、存储、应用核心能力的一个分布式开放平台。其就近提供边缘智能服务，满足业务在敏捷联接、实时业务、数据优化、应用智能、安全与隐私保护等方面的关键需求。它可以作为联接物理和数字世界的桥梁，使物理世界中的资产、网关、系统和服务等变成智能资产、智能网关、智能系统和智能服务，如图 1-2 所示。

2．边缘计算 2.0

随着边缘计算产业的发展，其逐步从产业共识走向落地实践，而边缘计算的主要落地形态、技术能力发展方向、软硬件平台的关键能力等问题逐渐成为产业界关注的焦点，因此，边缘计算 2.0 应运而生。

边缘计算的业务本质是云计算在数据中心之外汇聚节点的延伸和演进，主要包括云边缘、边缘云和边缘网关三类落地形态；以"边云协同"和"边缘智能"为核心发展方向；软件平台需要考虑导入云理念、云架构和云技术，提供端到端实时响应、协同式智能、可信赖与可动态重置等能力；硬件平台需要考虑异构计算能力，常见的硬件平台如鲲鹏、ARM、X86、GPU、NPU、FPGA 等，边缘计算 2.0 如图 1-3 所示。

- 基于云边缘形态的边缘计算：是云服务在边缘侧的延伸，其在逻辑上仍是云服务，主要的能力提供均依赖于云服务或需要与云服务紧密协同。例如，华为云提供的 IEF 解决方案、阿里云提供的 Link Edge 解决方案、AWS 提供的 Greengrass 解决方案等均属于此类。

- 基于边缘云形态的边缘计算：在边缘侧构建中小规模的云服务能力，其边缘服务能力主要由边缘云提供；集中式 DC 侧的云服务主要提供边缘云的管理调度能力。例如，多接入边缘计算（MEC）、CDN、车联网等均属于此类。

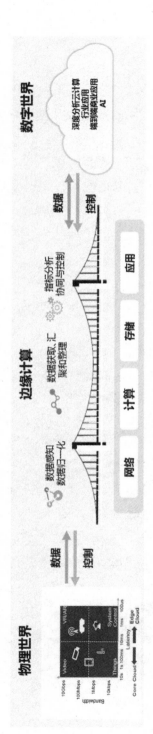

图 1-2　边缘计算定义

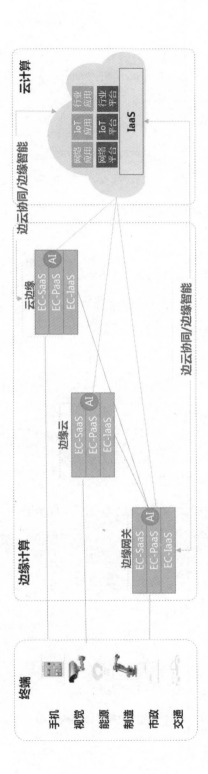

图 1-3 边缘计算 2.0

- 基于边缘网关形态的边缘计算：以云化技术与能力重构原有嵌入式网关系统，边缘网关在边缘侧提供通信连接、协议/接口转换、边缘计算等能力；部署在云侧的控制器提供边缘节点的资源调度、应用管理与业务编排等能力。例如，SD-WAN、新一代家庭网关、新一代工业网关等均属于此类。

1.1.3　边缘计算产业研究进展

2015 年，边缘计算被引入 Gartner 公司的 Hype Cycle 技术成熟曲线，并引起学术界、产业界越来越多的关注。从 2019 年起，边缘计算已经掀起产业化的热潮，各类学术组织、产业组织、商业组织都在积极地发起和推进边缘计算的研究、标准的制定和产业化活动。具有代表性的组织如下。

1. 学术组织

2016 年 10 月，电气电子工程师学会（the Institute of Electrical and Electronics Engineers，IEEE）和国际计算机学会（Association for Computing Machinery，ACM）正式成立了 IEEE/ACM Symposium on Edge Computing，组成了由学术界、产业界、政府（美国国家基金会）共同认可的学术论坛，对边缘计算的应用价值、研究方向开展了研究与讨论。

2018 年 5 月，由边缘计算产业联盟主办，西安电子科技大学承办的"2018 年边缘计算技术研讨会（SEC China 2018）"在西安召开，高校和科研机构互动研讨边缘计算，进一步梳理开发者的需求。

2018 年 8 月，华为技术有限公司（简称华为）、海尔集团（简称海尔）与国家电网有限公司（简称国家电网）合作，联合 IEC SMB（Standardization Managernent Broad，标准化管理局）开展边缘计算研究与讨论。

2. 标准组织

除学术组织外，还有相关的标准组织。

- ETSI（European Telecommunications Sdandards Institute，欧洲电信标

准化协会）：2014 年年底，ETSI 成立 MEC ISG（Mobile Edge Computing Industry Specification Group，移动边缘计算产业定义组），启动 MEC 相关规范与白皮书制定工作；2017 年，ETSI MEC 更名为多接入边缘计算（Multi-access Edge Computing），在立足移动领域的基础上，增加对固定边缘计算领域的研究。

- IEC（International Electrotechnical Commission，国际电工委员会）：2017 年 10 月，IEC 发布了 VEI（Vertical Edge Intelligence，垂直行业边缘计算）白皮书，介绍了边缘计算对于制造业等垂直行业的重要价值。ISO/IEC JTC1 SC41 成立了边缘计算研究小组，以推动边缘计算标准化工作；2018 年，IEC MSB（Market strategy Broad，市场战略局）启动由华为、国家电网、海尔等企业联合发起的智慧工厂、虚拟电厂的测试床等工作。

- IEEE：在 IEEE P2413 物联网架构（Standard for an Architectural Framework for the IoT）中，边缘计算成为该架构的重要部分。

- CCSA（China Communications Standards Association，中国通信标准化协会）：2017 年 7 月 21 日，在北京成立了工业互联网特设组（ST8），并在其中开展了工业互联网边缘计算行业标准制定的工作。

边缘计算由此在国际与国内标准组织中得到了广泛的关注。

3．产业联盟

2016 年 11 月，华为、中国科学院沈阳自动化研究所、中国信息通信研究院、英特尔公司、ARM（Advanced Risc Machines）公司和软通动力信息技术（集团）有限公司联合倡议发起边缘计算产业联盟（ECC）。经过多年的探索与实践，截至 2020 年 5 月，ECC 汇聚了涵盖研究机构、运营商、工业制造、智慧城市、智能交通、智慧能源等领域的 270 多家会员单位，面向边缘计算的关键技术领域发布了 10 多本白皮书，参与了 20 多项标准的起草与发布，围绕价值行业构建了超过 40 个测试床，并与 20 多家产业组织形成了战略合作关系，极大地促进了边缘计算产业的发展。

欧洲边缘计算产业联盟（Edge Computing Consortium Europe，ECCE）、日本边缘计算产业联盟 Edgecross、汽车边缘计算产业联盟（Automotive Edge

Computing Consortium，AECC）等产业组织也在边缘计算领域开展了积极和有益的探索。

1.2 边缘计算与云计算之间的关系

在边缘计算快速兴起的过程中，边缘计算与云计算之间的关系是业界关注的一个重要话题，大部分人都认为边缘计算会替代云计算，但也有观点认为边缘计算与云计算会互补协同，即边云协同。

1.2.1 边云协同放大边缘与云的价值

边缘计算的 CROSS（Connectivity，联接；Real-time，业务实时性；Optimization，数据优化；Smart，应用智能；Security，安全与隐私保护）价值推动计算模型从集中式的云计算走向分布式的边缘计算。当前，边缘计算正在快速兴起，未来几年将迎来爆炸式增长。

Gartner 在 *Top 10 Strategic Technology Trends for 2018: Cloud to the Edge* 中认为：到 2022 年，随着数字业务的不断发展，75%的企业生成的数据将会在传统的集中式数据中心或云端之外的位置创建并得到及时的处理（见图 1-4）。

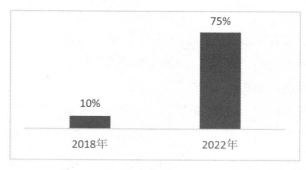

图 1-4 企业生成的数据在集中式数据中心或云端之外创建和处理的比例

由 Gartner IT 基础架构、运营管理与数据中心大会（2017 年 12 月）发布的调研数据显示，84%的企业会在四年内将边缘计算纳入企业规划（见图 1-5）。

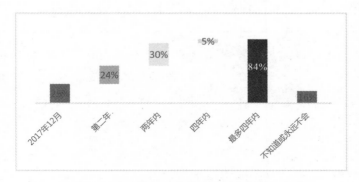

图 1-5 边缘计算何时会成为企业规划的一部分

边缘计算与云计算各有所长，云计算擅长全局性、非实时、长周期的大数据的处理与分析，其能够在长周期维护、业务决策支撑等领域发挥自身的关键优势；边缘计算更适用于局部性、实时、短周期数据的处理与分析，其能更好地支撑本地业务的实时智能化决策与执行，如表 1-1 所示。

表 1-1 边缘计算与云计算的区别

典型区别	云计算	边缘计算
驱动力	IT 成本与服务优化	创新交互类（AR/VR）、物联网、行业数字化转型等
资源可获得性	资源池化，弹性扩展	资源受限，需要细粒度调度和优化
可靠性	假设失效是常态，基于资源冗余获得可靠性	假设失效是异常，立足于单机单节点高可靠
实时性	一般要求偏低，且时延只意味着性能而非正确性	时延对业务体验及系统的正确性而言非常关键
确定性	不追求确定性，可接受重传等机制	在部分场景中，确定性是系统的基本属性
大数据	基于大数据挖掘关联关系	更关注因果关系，机理模型和领域知识是关键
异构性	运营方对 ICT 软硬件标准化和定制化，系统一致性高，通用性强	物理对象（如工业装备）差异大；大量异构系统并存，如在联接方面存在 40 多种工业总线与实时以太网
分布性	以集中部署为主	地理上分散
安全	以集中式为主，采用黑名单机制与强计算模式	以分布式为主，采用白名单机制与弱计算模式

典型区别	云计算	边缘计算
物理环境	提供温度、湿度等环境保障	需应对温度、湿度、粉尘、电磁、振动等恶劣环境的挑战

因此，边缘计算与云计算之间并非替代关系，而是互补协同关系。边缘计算与云计算只有通过紧密协同才能更好地满足各种场景的匹配需求，从而放大边缘计算和云计算的应用价值。边缘计算既靠近执行单元，又是云端所需要的高价值数据的采集和初步处理单元，从而可以更好地支撑云端应用；而云计算通过大数据分析优化输出的业务规则或模型可以下发给边缘侧，从而使边缘计算基于新的业务规则或模型运行。

1.2.2 边云协同的价值内涵

边缘计算不是单一的部件，也不是单一的层次，而是涉及 EC-IaaS、EC-PaaS、EC-SaaS 的端到端的开放平台。典型的边缘计算节点一般涉及网络、虚拟化资源、RTOS、数据面、控制面、管理面、行业应用等能力，其中网络、虚拟化资源、RTOS 等属于 EC-IaaS 能力，数据面、控制面、管理面等属于EC-PaaS 能力，行业应用属于 EC-SaaS 能力。

边云协同的能力与内涵，涉及 IaaS、PaaS、SaaS 各层面的全面协同。EC-IaaS 与云端 IaaS 应可实现对网络、虚拟化资源、安全等的资源协同；EC-PaaS 与云端 PaaS 应可实现数据协同、智能协同、应用管理协同、业务管理协同；EC-SaaS 与云端 SaaS 应可实现服务协同，如图 1-6 所示。

说明如下。

- 资源协同：边缘节点提供计算、存储、网络、虚拟化等基础设施资源，其具有本地资源的调度与管理能力，同时可与云端协同，接受并执行云端资源调度管理策略，其中管理策略包括边缘节点的设备管理、资源管理以及网络连接管理。

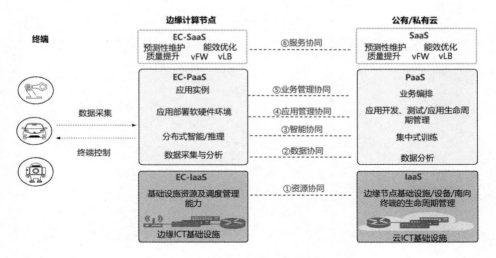

图 1-6　边云协同总体能力与内涵

- 数据协同：边缘节点主要负责现场/终端数据的采集，并按照规则或数据模型对数据进行初步处理与分析，同时将处理结果以及相关数据上传云端；云端提供海量数据的存储、分析与价值挖掘。边缘节点与云的数据协同，支持数据在边缘与云之间可控有序地流动，形成完整的数据流转路径，从而高效地对数据进行生命周期管理与价值挖掘。

- 智能协同：边缘节点按照 AI 模型执行与推理，实现分布式智能；在云端开展 AI 的集中式模型训练，并将模型下发到边缘节点。

- 应用管理协同：边缘节点提供应用部署与运行环境，并对本节点多个应用的生命周期进行管理与调度；云端主要提供应用开发与测试环境，以及应用的生命周期管理能力。

- 业务管理协同：边缘节点提供模块化、微服务化、数字孪生、网络等应用实例；云端主要提供按照客户需求实现应用、数字孪生、网络等的业务编排能力。

- 服务协同：边缘节点按照云端策略实现部分 EC-SaaS 服务，通过 EC-SaaS 与云端 SaaS 的协同实现面向客户的按需 SaaS 服务；云端主要提供 SaaS 服务在云端和边缘节点的服务分布策略，以及云端承担的 SaaS 服务能力。

需要说明的是，并非在所有场景中都涉及上述边云协同能力。在实际工作中，结合具体的使用场景，边云协同的能力与内涵会有所不同，有时即使是同一种协同能力，在与不同场景结合时其能力与内涵也不尽相同。

1.3 边缘计算中的网络体系

随着研究的不断深入，研究人员发现边缘计算所呈现的优势与底层的网络连接密不可分。比如，边缘计算带来的低时延特性，如果没有网络的支持，是无法实现的。换句话说，边缘计算并不是简单地将服务器、存储设备放到边缘机房就可以实现的，更重要的一点是需要对底层网络基础设施进行梳理，让用户能够享受到更短的接入距离所带来的优势，避免出现物理位置靠近但逻辑距离绕行的尴尬场景。

但很遗憾的是，现有网络架构并不是以边缘计算业务为中心进行设计的，也就是说，网络架构设计时并未考虑边缘计算业务带来的不一样的流向和流量特征。从目前的实践来看，现有网络在承载边缘计算业务时常会出现流量绕行、性价比偏低的情况。究其原因，主要有以下几点：

（1）传统网络以南北向流量为模型进行设计，较少考虑东西向流量。以 IP 城域网为例，它最早是为家庭客户宽带上网而设计建设的，网络流向以南北向为主，即从分散的宽带用户到集中的业务平台，用户流量通过多层汇聚后，集中到核心节点，再通过核心节点转到相应的业务平台。但现在边缘计算提出了不一样的需求，用户流量不一定要汇聚到核心节点，更多的是就近处理，这就需要网络具有离散的流量分发处理能力。

（2）传统网络在分类上大多是按技术体系来分的，比如传输网络、数据网络等，而数据网络又可进一步细分为面向普通宽带上网业务的 IP 城域网、面向移动业务的无线承载网（如 IP RAN、SPN 等）、面向政企客户的 MPLS VPN 网络等。每类网络在规划、建设、运营等方面都自成体系，网与网之间联系较少。但边缘计算打破了传统网络之间泾渭分明的局面，强调以用户为中心，其接入手段呈现多样化，网络也呈现碎片化状态，更多以地域组织来区分网络，这就需要在建设运营网络时打破传统网络的界限，重新组织。

（3）目前主流的以 IP 技术为基础的网络，比如互联网、IP 城域网、无线承载网等，最基础的服务体验是尽力而为，能够满足一般的业务应用；对于有特殊要求的业务应用多采用 QoS 等手段提供一定的性能保障；对于要求特别高的业务则只能通过传输专线、光纤直连等方式解决。对于边缘计算带来的新型业务场景，原有的这些方式普适性不足，尤其是工业互联网场景下的边缘计算应用，其对网络性能质量的要求极高，需要引入新的技术手段并调整网络架构，方能满足业务的实际需求。

（4）边缘计算与云计算密不可分，云边协同、边边协同、云边端协同都是下一阶段的重点方向，而其中的底层网络需要根据这些变化进行灵活而高效的调整，但现有的网络体系并没有从这个角度进行设计。因此需要跳出传统的网络划分模式，从顶层重新考虑网络体系，在不同类型的网络之间进行联动与优化设计。

综上所述，由于用现有的网络体系去满足边缘计算提出的新需求在当前已经面临各种挑战，因此有必要跳出传统网络体系的设计理念，从边缘计算的视角，重新审视和划分网络体系，研究和应用新的解决方案与关键技术，落实边缘计算为各类客户带来的新特性。

为了更好地描述边缘计算网络基础设施，在 ECC 联盟和 N5A 联盟第一次联合发布的《运营商边缘计算网络技术白皮书》中定义了 ECA、ECN、ECI 三个名词，分别来描述以边缘计算为视角的网络基础设施的三个部分。

- ECA：从用户系统到边缘计算系统所经过的网络基础设施。
- ECN：边缘计算系统内部网络基础设施。
- ECI：从边缘计算系统到云计算系统（如公有云、私有云、通信云、用户自建云等）、其他边缘计算系统、各类数据中心所经过的网络基础设施。

这种划分方式如图 1-7 所示。

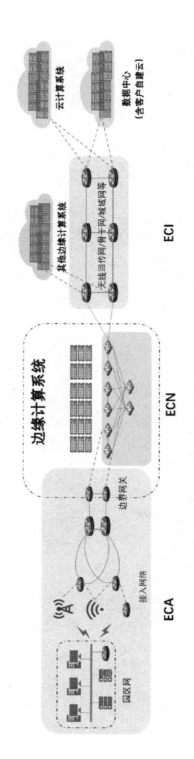

图 1-7　边缘计算网络基础设施

值得一提的是，这种网络划分方式并不是指我们现在需要按照这种方式重新建设运营一张独立的网络，而是以边缘计算为立足点，重新审视网络的各个部分，将边缘计算业务对网络的需求分解成三个逻辑部分，从而指导相关网络体系的优化、发展与演进方向。

1.3.1　ECA

ECA 是指从用户系统到边缘计算系统所经过的一系列网络基础设施，包括但不限于以下几个方面。

- 园区网：企业的内部网、大学的校园网、厂区内的局域网等，常见的网络技术有 L2/L3 局域网、WiFi、TSN（时间敏感网络）、现场总线等。
- 接入网络：无线网络 2G/3G/4G/5G、运营商 WiFi、光接入网络 PON，以及各类接入专线等。
- 边界网关：5G 用户面功能（UPF）、宽带网络网关（BNG）、客户终端设备（Customer Premise Equipment，CPE）、物联网 IoT 接入网关等。

从工程实践来看，边缘计算业务需要 ECA 具有融合性、低时延、大带宽、大连接和高安全等特征。但 ECA 横跨园区网、无线接入、固定接入等领域，现有的网络很难完成端到端的优化部署，难以提供有效的质量保障。因此，ECA 需要推动现有网络的演进升级，其核心思路主要在于缩短 ECA 的距离，即使边缘计算系统无论在物理上还是在逻辑上都尽可能地接近用户系统，常见的解决方案有边界网关下移、虚拟网元部署、固移综合接入，以及园区网络与运营商网络融合等，详见第 2 章。

1.3.2　ECN

ECN 是指边缘计算系统内部网络基础设施，如连接服务器所用的网络设备、与外网互联的网络设备及由其构建的网络等。

ECN 与数据中心内部网络（DCN）相近，但由于边缘计算与云计算的差异性，因此两者之间又存在很大的不同。比如，DCN 强调扩展性，网络设计必须考虑未来建设的需求，可以提供从几千到几万，甚至几十万个连接规模的扩展能力，但边缘节点的空间受限，扩展性并不是其首要需求，更多的是要考虑如何在有限的空间、电力、制冷等资源下，提供更为全面的服务能力。因此，ECN 重点关注简化架构、功能完备、无损性能、边云协同、集中管控等方面的需求，以扁平架构、融合架构等方式来集成多类设备功能。

1.3.3 ECI

如前所述，ECI 是指从边缘计算系统到云计算系统（如公有云、私有云、通信云、用户自建云等）、其他边缘计算系统、各类数据中心所经过的网络基础设施。

与 DCI（Data Center Inter-connection，数据中心互联网络）相比，ECI 的连接更加多样化。一方面，其连接对象更多，且属于不同运营方（如用户本身、云服务运营商、其他边缘计算运营商等）；另一方面，还需要考虑用户对低时延的要求，也会从 ECA 延伸到 ECI，例如在车联网业务场景中，在边边协同的基础上继续保持用户业务的低时延特性。这就需要 ECI 首先在 DCI 的基础上进一步扩展，然后利用一些跨网络隧道技术来构建灵活的网络机制。

1.4　本章小结

边缘计算是近年来随着 5G 与行业数字化的出现而快速兴起的新兴产业。由于边缘计算靠近用户侧，具备 CROSS 价值，通过边云协同、边缘智能等核心能力，能够帮助行业加强数字化并向纵深推进，也能给终端产品带来更好的业务体验，且未来绝大部分的数据将在边缘侧处理，因此得到了学术界、产业界的广泛关注。

需要说明的是，当前业界关于边缘计算的研究更多集中在平台与应用上，对于边缘计算相关网络的研究较少。本书结合边缘计算的主要场景及对网络的典型需求，将对边缘计算网络的架构、关键技术及未来发展开展相关研究。

第 2 章

边缘计算网络体系关键技术

边缘计算经过几年的发展，在很多行业中都有落地实践应用，其技术体系也在不断地完善中。而网络作为实现边缘计算功能不可或缺的一部分，却没能跟上边缘计算飞速发展的步伐，即现有的网络体系难以满足边缘计算提出的新需求。

本章以边缘计算系统为中心，跳出传统网络体系的概念，从边缘计算的视角出发，重新划分网络体系，将边缘计算所涉及的网络基础设施分为三部分，即第 1 章中所说的 ECA、ECN、ECI，下面分别阐述每部分网络的定义、典型特征及解决方案。

2.1　ECA 详解

如果用户想要使用边缘计算系统中的资源,就需要通过各种方法接入边缘计算系统中与之连接通信,接入的过程就需要依赖边缘计算接入网络。边缘计算接入网络质量的好坏、能否满足边缘计算的需求,是衡量边缘计算性能好坏的一个重要指标,而边缘计算网络的起始位置影响着边缘计算网络的性能。

2.1.1　ECA 的定义

ECA 涉及现有网络的各个层面,很难用单一网络体系完成从用户到边缘计算系统的连接。以智慧工业园区中常见的产线监控为例,各类工业监控设备要接入部署在边缘计算平台上的集中管控平台,可以通过 5G、WiFi、固定接入等多种方式接入,且边缘计算系统需要同时对接多类网络,并确保各路径上的链路性能指标基本一致,只有这样才能保证相关系统正常运行,如图 2-1 所示。

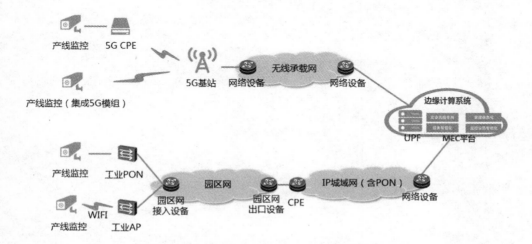

图 2-1　产线监控案例中多路径接入示意图

这里需要强调一点，本章提及的 ECA 是一个逻辑上的概念，并非是业界需要研究并单独建设运营的一张独立于其他网络的接入网络。其需要以一种全程全网的思维来研究边缘计算业务对接入段的诉求，从而推动相关技术的发展与网络的演进，更好地服务于各类新型业务。

2.1.2 ECA 的典型特征

也许有人会问，为什么云计算中没有提及云接入网的概念？实际上，云接入网的概念早就存在，主流的云服务商更是纷纷推出了自己的云接入方案，如亚马逊云服务 AWS 的云直连（AWS Direct Connect）、阿里云的云连接网（Cloud Connect Network，CCN）等，但这些类型的产品更多是实现如何将客户网络与云系统进行连接。以 IP 连接为主，目标是实现便捷的专线建立，并按需提供一定的虚拟专网、安全防范等服务能力。显然，这样的方案难以满足边缘计算业务低时延、高可靠、本地化等特性，边缘计算业务对网络指标的要求更为苛刻，同时用户侧终端接口及协议种类更为丰富，因此需要专门研究和探讨从用户系统到边缘计算系统之间的这段网络基础设施，并对基于不同类型接入网络上的接入方案进行专门的研究和分析，通过融合网络的方式满足端到端的指标要求。

因此，ECA 是边缘计算网络技术体系云计算相关的网络技术体系的一个重要差异点。它更多地强调网络性能与异构网络的融合，如前面所说，典型的 ECA 具有融合性、低时延、大带宽、大连接、高安全等特性，具体说明如下。

1. 融合性

在物联网、工业互联网、智能家庭等场景中，用户侧终端接口及协议种类非常丰富（比如，仅 IEC 确定的工业现场总线就高达几十种），边缘计算网络用户侧接口需要支持异构性，用于接入各种类型的用户/网络终端。

同时，国内三大主流运营商（中国移动、中国联通和中国电信）侧的网络基础设施也分为固定承载网与移动承载网两大体系。为了满足边缘计算更高的业务要求，ECA 需要将不同类型的网络进行整合，从传统的、简单的互联互通逐步升级到基于深度融合的互操作层面。

另外，随着运营商布局的边缘计算下沉到企业园区网，以及 5G 网络延伸到企业办公、生产网络中，运营商网络与企业园区网络逐步从互联走向以互联、互通、互操作为主的方向。

2．低时延

边缘计算业务需要的低时延特性，不仅仅需要将边缘计算系统部署在网络的边缘侧，从而缩短与用户系统之间的空间距离，也需要缩短两者之间的逻辑距离，即缩短流量在网络中的实际传送距离。同时，在部分场景中还需要考虑专有的低时延网络技术，从技术本身提供更低的传送时延（如 5G、TSN、DetNet 等技术）。因此，ECA 需要采用多种策略，以实现从用户系统到边缘计算系统的端到端的低时延功能。

3．大带宽

边缘计算业务对网络基础资源的带宽需求可分为两方面：一方面是高下行带宽类业务需求，如视频点播类、云 VR 等，对网络的需求主要是下行带宽要大；另一方面是高上行带宽类业务需求，如 AI 应用类、智能监控等，对网络的需求主要是上行带宽要大。现有的网络重点大多解决的是下行带宽问题，而上行带宽的增加则需要在 ECA 中引入更多的新技术和新协议。

4．大连接

对于边缘计算在物联网相关场景中的应用，其承载的连接数量将是现有连接数量的数千倍，因此 ECA 必须具备支持海量连接的能力。

5．高安全

ECA 融合用户侧网络与运营商侧网络，导致网络边界发生变化，这会引发两方面的问题。一方面是用户担心其信息在不受控的外部网络被截取复制；另一方面是运营商担心不受限的用户设备会冲击整个网络，从而带来网络安全隐患。因此，ECA 必须考虑可信区域重叠的问题，即用户如何与运营商建立安全的可信机制。

2.1.3 ECA 的典型解决方案

为了实现 ECA 的融合性、低时延、大带宽、大连接和高安全等特征，边缘计算系统无论在物理位置上，还是在逻辑上都要尽可能接近用户系统，常见的解决方案有边界网关下移、虚拟网元部署、固移综合接入以及园区网络与运营商网络融合等。

1. 边界网关下移

边界网关下移是指将原来集中放置在网络汇聚节点或网络核心节点的业务网关下移到边缘计算的所在位置，直接实现用户接入控制功能，这样能就近接入边缘计算系统，如 5G UPF 的下沉部署等。

在现有网络架构中，用户连接需要上行到集中部署业务网关，如 4G PGW 通常集中部署在当地省会城市或直辖市的核心机房，而用户流量需要从本地出发，上行到相应的核心机房，在完成业务控制流程与协议处理后，再通过承载网络回传到部署在网络边缘的边缘计算系统中，我们会发现这样流量绕行严重。因此，如果将边界网关下沉到与边缘计算系统同址，那么将能避免流量在网络中绕行，这样既能有效地降低时延，又能保证数据在本地传送与处理，满足用户对边缘计算的本地化要求。

下面以 4G 网络和 5G 网络为例，说明 ECA 引入边界网关下移方案的效果。

对于现有的 4G 网络，PGW 集中设置在核心节点，用户流量需要绕行 PGW 后，才能回传到边缘计算系统。而 5G 网络将网元拆分为 UPF 和 5GC（控制面）两部分，UPF 部分可以与边缘计算同址，负责终端用户业务就近接入，以及用户加密隧道的解封包、业务引流与执行相应的计费策略。而 5GC 部分部署在大区集中位置，比如省级或直辖市区域核心机房，主要负责移动网络的移动性接入管理、业务配置与下发，以及数据管理与计费，如图 2-2 所示。

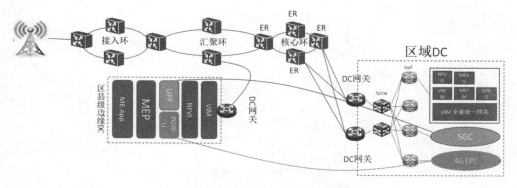

图 2-2　ECA 引入边界网关下移方案

2．虚拟网元部署

虚拟网元部署是利用边缘计算系统的计算资源、存储资源，直接部署虚拟化边界网关设备的一种操作，比如部署云化的 5G UPF 和宽带网络网关（vBNG）。虚拟网元部署与边界网关下移的思路类似，都是将边缘计算用户网络连接的相关业务控制能力下移到边缘计算系统上，避免流量在网络中绕行，实现就近处理的目的。网络功能虚拟化将在后续章节进行介绍。

3．固移综合接入

固移综合接入是指将网络地址分配与管理节点下移到边缘计算系统所在的位置，并对不同的接入方式（如 5G、光纤接入、WiFi 等）进行统一管理的一种接入方法，使得归属于同一用户的不同终端能够按需获得相同网段的网络地址，这些终端能够被统一管控，并得到相近的网络质量保障。

在现有网络架构下，移动网络和固定网络分属于不同的路由域。由于网络地址（如 IP 地址）的分配机制不同，地址分配锚点也不同，故终端接入移动网络与接入固定网络会得到完全不同的网络地址，并受不同管理节点的管控。以致于当用户采用多种接入方式时，就需要对终端进行额外的鉴权认证与地址转换，这就增加了管理的复杂度。而 ECA 采用固移综合接入，能够让不同接入方式的终端分配到同一网段的网络地址，这有利于减少用户对网络层的处理，从而降低成本，提高效率。

下面以小区智能监控为例，说明在 ECA 中引入固移综合接入的效果，如图 2-3 所示。

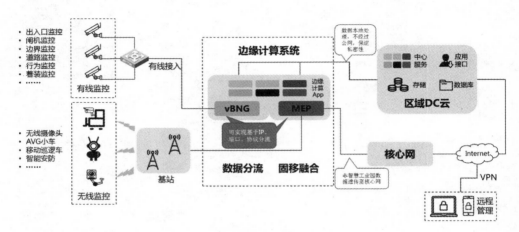

图 2-3　小区智能监控方案

在该方案中，固定网络与移动网络的控制面设备（BRAS-C 和 5GC）都部署在运营商的区域 DC 内，相应的用户面设备统一部署在小区附近的运营商边缘 DC 内。通过固移网络的控制面预配置相应业务策略，把小区的监控流量分流到边缘 DC 的用户面设备上，再通过固移融合的用户面设备统一引流到多接入边缘计算平台（MEP）上，最后通过部署在 MEP 上的各类智慧监控与分析应用软件为客户提供智能监控服务。

4．园区网络与运营商网络融合

园区网络与运营商网络融合主要指在双方互信的基础上，实现网络资源的统一部署、统一管理和统一资源调度等业务分配。

随着运营商边缘计算与 5G 的逐步建设，一方面，由于 5G 三大能力特性（大带宽、低时延、大容量）会进一步与企业生产系统结合，渗入企业生产网络中；另一方面，随着 5G 渗入企业园区网中，运营商边缘计算会推动更多的企业与其业务进一步进入云端操作（又称上云）。这种变化会潜在地推动园区网与运营商网络从单一的互联逐步走向综合的互联、互通、互操作。

- 互联：运营商网络提供专线业务，为园区网提供出口连接，实现园区网接入互联网及多园区连接。运营商网络主要提供管道能力，不涉及企业生产与办公业务。

- 互通：运营商网络和园区网络，能够根据园区用户的生产业务、办公业务的区别，为相应的业务提供差异化的网络承载服务，如不同的QoS等。边缘计算下沉到企业园区网中，将会加速促进企业业务进一步上云，同时企业生产业务、办公业务也需要园区网络和运营商网络结合为不同业务提供差异化的优质服务。

- 互操作：园区网络和运营商网络可以进行更深层次的互动，例如园区网络可以调用运营商网络开放的网络接口；运营商网络可以动态地根据园区网络的实时需求调配接入的网络参数，或者由园区客户根据自身需求自行配置所使用的园区网络及运营商网络，如图 2-4 所示。

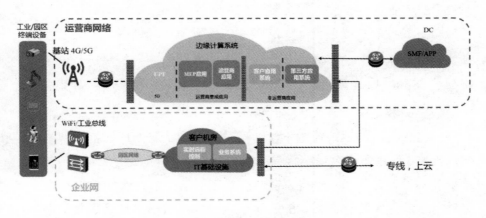

图 2-4 园区网络与运营商网络融合

2.2 ECN

边缘计算系统和云计算系统内部具有一定的相似性，都拥有一定数量的服务器，以及连接这些服务器的网络设备。边缘计算系统内部用来保证系统内部服务器之间通信连接的网络被称为边缘计算内部网络，其性能会直接影响边缘计算的性能。

2.2.1 数据中心网络

由于边缘计算系统与云计算系统在功能上具有一定程度的相似性，因此在了解边缘计算内部网络之前，先介绍一下数据中心网络（Data Center Network，DCN）的特性与架构。

数据中心网络是应用于数据中心（云计算系统）内的网络，一个数据中心通常拥有大量的服务器和网络设备，其内部的网络架构也相对复杂。由于在数据中心内部存在大量的南北向流量以及东西向流量，并且流量呈现出典型的交换数据集中的特征，因此对数据中心网络提出了大规模、高扩展性、高健壮性、低配置开销、服务器间的高带宽、高效的网络协议、灵活的拓扑和链路容量控制、绿色节能、服务间的流量隔离和低成本等需求。

随着数据中心的不断变化，数据中心网络的发展也经历了传统的三层网络架构、Spine-Leaf 网络架构等多个阶段（相关架构将在后续章节进行介绍）。

传统的数据中心分为接入（Access）、汇聚（Aggregation）和核心（Core）三层。这种传统的网络架构设计通常采用冗余链路方法来提高网络的健壮性与稳定性，但由于冗余链路极易带来广播风暴，同时产生多帧复制以及 MAC 地址表不稳定等问题，于是，在传统的三层架构中引入了 STP 协议，实现链路动态管理的策略。然而，STP 协议的引入又给网络带来了收敛慢、链路利用率低、规模受限、难以定位故障等新的难题。

为了解决传统架构存在的问题，以及随着数据中心的规模越来越大，数据中心网络架构也亟须调整，传统的三层架构需要向扁平化、大带宽的架构转变。因此，业内人士提出了 Spine-Leaf 网络架构。Spine-Leaf 网络架构由 Leaf 和 Spine 两层组成，Leaf 交换机负责所有的接入，Spine 交换机负责在 Leaf 交换机之间进行高速传输，两层设备之间采用 FULL-MESH 的方式进行连接，因此，数据中心网络中任意两个服务器都能实现三跳可达。相比于传统三层网络架构，Spine-Leaf 网络架构拿掉了核心层，实现了扁平化结构，且具有高带宽利用率、网络延迟可预测、可扩展性好等诸多优点。但 Spine-Leaf 网络架构并不完美，随着服务器数量的增加，需要大量的 Leaf 交换机连接到 Spine 交换机上，在设计 Spine-Leaf 网络时要特别注意带宽的比例关系，而且 Spine-Leaf 网络对布线也有明确的要求。

伴随着数据中心的发展，数据中心网络也需要做相应的改变。未来大量的内容与计算需求将会被推向网络边缘。边缘化、小型化的数据中心会逐渐涌现并在其中承担重要的角色。

2.2.2　ECN 的典型特征

与云计算相比，边缘计算的系统规模较小，且发展方向也截然不同：云计算系统强调规模效应，通过集中部署大量计算资源、存储资源来降低单位成本；边缘计算系统则强调用户感知的提升，通过拉近与客户的物理距离，来实现低时延、大带宽、大连接、高安全等业务指标。因此 ECN 与 DCN 具有完全不一样的特征，具体说明如下。

1．架构简化

由于 ECN 涉及的设备数量、连接数量远小于 DCN，因此可根据规模大小选择不同类型的网络架构，比如当扩展性要求高的时候可以采用 Spine-leaf 网络架构；当服务器规模在 20～100 台时可以采用简单的三层网络架构（接入—汇聚—出口）；当少于 20 台时可以采用扁平架构（即用一套网络设备同时完成接入、汇聚和出口的功能）。

2．功能完备

边缘计算系统作为独立存在的用户业务承载系统，需要满足相应的运营和监管要求，比如仍需要提供 DPI、流量探针、综合管理等功能。简而言之，就是"麻雀虽小，五脏俱全"，因此 ECN 要根据系统规模尽量采用简化架构，以增加设备能力，从而减少网络设备所占用的空间和降低电力等资源的消耗。

3．无损性能

高性能计算业务，如 AI 类业务，需要网络具有超低时延、零丢包等能力，避免网络成为瓶颈，因此当此类业务部署在边缘计算系统中时，需要 ECN 具备无损网络性能。

4．边云协同，集中管控

由于边缘计算系统具有的天然分布式属性，即单个系统规模不大但数量众多，若采用单点管理模式不但难以满足运营的需求，还会占用宝贵的机房资源，进而降低收益。另外，边缘计算业务更强调端到端低时延、大带宽以及高安全性等优点，因此，边云、边边之间的协同也是非常重要的问题。理想的方案是在云计算系统中引入智能化的跨域管理编排系统，统一管控一定范围内所有的边缘计算系统中的网络基础设施，即 ECN 必须支持基于边云协同的集中管控模式，以保证网络与计算资源能自动化进行高效配置。

2.2.3　ECN 的典型解决方案

1．扁平架构

传统 DCN 采用三级架构，通常分为"出口—核心—接入"三层或称为"出口—汇聚—接入"，常见以出口层为界限，其上为三层网络，其下为二层网络。此架构简单高效，能够有效地应对中小型规模的组网，且维护便利，但扩展性会受到一定的限制。近年来，在很多大型数据中心和云计算系统中，底层架构正在逐步向 Spine-Leaf 网络架构演进，以解决扩展性不足的问题。但受限于边缘计算的系统规模，三级架构或 Spine-Leaf 网络架构在 ECN 中应用的相对较少，扁平架构应用的更多一些。

扁平架构是指用一套设备完成所有的二层和三层网络功能，如服务器接入、与外网互通、路由寻址等。此方案更适用于小微型 ECN，简单高效，不需要太多的扩展性能，即扩展性严重受限。

2．融合架构

融合架构是融合网络设备，如一台设备集成所有的网络应用，实现路由交换、网络安全、流量监管等功能的技术。目前其主要有两种思路：一种是扩充服务器设备能力，利用集成 AI、NP、FPGA、ASIC 等芯片的智能网卡，增加二层交换、三层路由，甚至是边界网关等网络功能；另一种是在传统网络设备上，增加集成鲲鹏、ARM、X86 处理器的计算板卡，提供更为丰富的计算能力，以实现智能图像识别、DPI、FW 等功能。

2.3　ECI

边缘计算的分布性，决定了网络中存在众多的边缘计算系统。其业务对边边协同及边云的协同需求，决定了边缘计算系统与边缘计算系统、边缘计算系统与云计算系统之间需要优质的网络连接，它们之间的网络被定义为 ECI（边缘计算互联网络）。

2.3.1　ECI 的定义

ECI 是一种网络基础设施，如图 2-5 所示。

下面简要介绍。

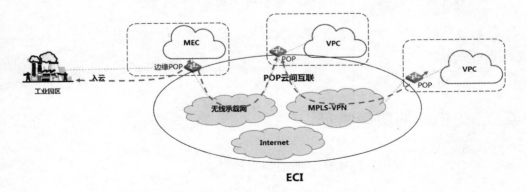

图 2-5　ECI 示意图

2.3.2　DCI 网络

大型的互联网公司或运营商，为了提升位于不同区域客户的用户体验，都会在不同的地区建立数据中心，来更好地为该区域的客户提供服务。因此，虽然云服务是集中式服务，但是云数据中心并不是只有一个。当数据中心之间需要进行信息传递和交互时就需要在其间建立相应的通信网络，也就是 DCI 网络。

DCI 网络是数据中心之间的桥梁，数据中心之间的互联主要有三种方式。

- 网络三层互联，也称为数据中心前端网络互联。所谓"前端网络"，是指数据中心面向企业园区或企业广域网的出口，不同数据中心的前端网络通过 IP 技术实现互联，园区或分支客户端通过前端网络访问各个数据中心，当主用数据中心发生灾难时，前端网络将实现快速收敛，使客户端访问备用的数据中心，以保障业务的连续性。

- 网络二层互联，也称为数据中心服务器网络互联，即在不同的数据中心服务器网络接入层，构建一个数据中心间的大二层网络，以满足服务器集群或虚拟机动态迁移等场景对二层网络接入的需求。

- SAN 互联，也称为后端存储网络互联，即借助 DWDH、SDH 等传输技术实现数据中心之间磁盘阵列的数据复制。

云计算对 DCI 网络有大带宽、低延迟、高密度、快速部署、易运维和高可靠性等需求。

2.3.3　ECI 的典型特征

与 DCI 网络相比，ECI 具有如下典型特征。

1．连接多样化

边缘计算系统涉及与多种类型的系统连接，包括云计算系统、其他边缘计算系统、用户自建的系统等，因此 ECI 连接的对象变多，且属于不同运营方（如云服务运营商、其他边缘计算运营商、用户本身等），因此 ECI 比 DCI 更复杂多变，难以使用单一技术或者网络完成相应的互联工作。

2．跨域低时延

用户对低时延的要求，也会从 ECA 中延伸到 ECI 中，例如在车联网业务场景中，还需要在边边协同的基础上继续保持用户业务的低时延特性。但目前这方面的研究还处于起步阶段，后续根据业务需求有待进一步探讨。

2.3.4　ECI 的典型解决方案

ECI 是在现有 DCI 的基础上进一步扩展的，因此理想的解决方案是将现有的云网一体化布局思路拓展为云、网、边的一体化布局思路，从基础设施布局、管控架构及业务产品等层面上呈现边、网、云的高度协同，这主要覆盖以下三方面的内容。

- 一体化布局：实现边缘计算节点、云数据节点与网络节点在物理位置布局上的协同，形成以边、云为核心的一体化基础设施布局。

- 管控协同：ECI 需要实现网络资源与计算资源、存储资源的协同控制。通过 SDN、NFV 等多种技术手段，建立网络、云和边的统一或协同的控制体系，从而使三者的协同管理更加顺畅和灵活。

- 业务协同：ECI 将具备对业务、用户和自身状况等多维度的感知能力，通过业务协同将其对网络服务的要求和使用状况动态实时传递给网络。另外网络侧针对体验感知会进行网络资源的优化调整，同时通过其网络能力开放相应的接口，以便能够随时随地按需定制管道，满足用户端到端的最佳业务体验。

下面简单说一说相应的解决方案。

1. 智能城域网

ECI 建设的一种典型方案是建设智能城域网，即采用以 DC 为中心、云网一体的思想，利用 SR+EVPN 等新型路由协议技术，重构城域网络。面向云化网元和用户的综合承载，采用"核心+边缘"转发架构与融合的核心设备实现架构的统一，并采用多种边缘设备实现 5G、家庭宽带、大客户、通信云网元的业务承载。构建智能城域网的目标是建设一张以通信云 DC 为中心的扁平化、统一承载的网络，使家庭宽带用户、大客户、移动用户等业务终端分别经由基站、综合接入点、住宅、办公楼等各种局址接入不同类型的边缘设备，进而进入统一的通信云或边缘云获取服务资源，这就要求跨本地网的业务流量可以通过通信云 DC 的核心设备接入跨省的广域网。

按照运营商本地网络的规模大小，智能城域网可以划分为三类。

- 小型智能城域网：通信云 DC 双局址设置，DC 局房距离一般小于 50 千米。智能城域网一对核心设备分局址设置，通信云 DC 内边缘网络设备下挂多个服务器，可以有效节省局间光纤资源，核心设备兼做边界出口网络设备。

- 中型智能城域网：通信云 DC 双局址设置，实现分区域"覆盖+负载"分担；每局址设置成对智能城域网核心设备，核心设备兼做边界出口网络设备，即每个通信云 DC 扩展了一对核心设备。

- 大型智能城域网：如图 2-6 所示，通信云 DC 多局址规划，并设置两级核心设备，即每局址设置单台智能城域网核心设备，同时设置一对一级核心设备用于转发通信云 DC 间的流量。每局址普通核心设备兼做边界出口网络设备。为减少局间传输资源需求以及规避 DC 局单点故障，DC 外边缘设备要就近双归至两个通信云 DC 的核心设备上。

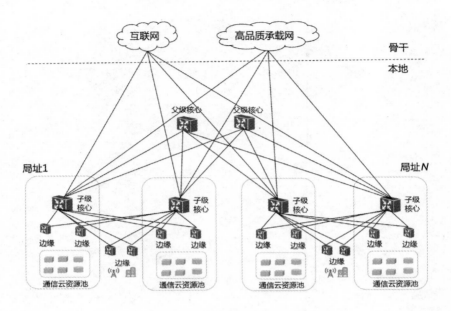

图 2-6　大型智能城域网的扩展架构图

2．分层隧道方案

另一种典型方案是以跨网络隧道技术为出发点构建 ECI，如以 SD-WAN 等方案为代表的 Overlay（一种基于物理网络之上构思的逻辑网络）方案，如图 2-7 上层所示；以 SRv6 隧道方案为代表的 Underlay（基础层，现实中的物理基础层网络设备）方案等，如图 2-7 中间层所示。

针对业务承载依赖大二层网络的问题，目前通用的做法是采用基于 MP-BGP 的 EVPN 承载的 VxLAN 网络。硬件 VTEP 节点包括 Internet 网关、VPN 网关、专线接入网关、DCI 接入网关的 VTEP TOR、网络服务区 TOR 等。各 VTEP 节点通过网络设备间的 eBGP 发布并学习 EVPN VxLAN 所需的 Loopback IP 知识。VTEP 使用 BGP 的多实例功能组建 Overlay 网络，并在管理服务区汇聚作为 EVPN BGP RR，与所有 VTEP 节点建立 iBGP 邻居。VTEP 节点创建二层 BD 域，不同的 VTEP 节点属于相同 VNI 的 BD 域，自动创建 VxLAN 隧道，实现业务流量的转发。

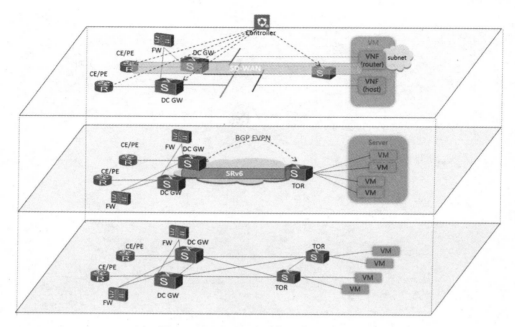

图 2-7　云、网、边一体化布局示意图

以入云专线承载为例，当客户使用云专线产品接入云内 VPC 网络时，流量从专线接入网关进入，通过 VTEP TOR 和 VxLAN 到网络服务区 TOR，然后进入 vrouter。在 vrouter 封装成 VxLAN 后，将报文路由到 POD（Point of Departure，支付单元）内，通过多段 VxLAN 拼接和计算节点的虚拟交换机建立连接，VxLAN 报文在虚拟交换机上解除封装进入 VPC 中。

VxLAN/EVPN 技术是目前大规模云数据中心网络业务承载方案使用的技术，通用且高效，该技术能够实现云内业务快速发送和自动化配置。随着 SRv6 技术标准的不断成熟，SRv6/EVPN 的统一承载方案会逐渐向数据中心内部网络方案演进。目前，Linux 操作系统已经支持大部分的 SRv6 功能，Linux SRv6 提供一种整合 Overlay 和 Underlay 的承载方案，保证了 Underlay 网络和主机叠加网络（host Overlay）SLA 的一致性，但如果想在数据中心引入 SRv6 承载方案，还需要进行大量的研究和实践。

2.4　本章小结

边缘计算网络是实现边缘计算性能的基础，而对边缘计算网络体系的划分，也使网络与边缘计算之间的联系更加清晰。ECA、ECN、ECI 作用于边缘计算系统的不同位置，对边缘计算系统起到了不同的支撑作用，对其针对性的研究将有助于全面激发边缘计算的巨大潜能。

第 3 章

边缘计算网络关键技术

　　前面详细地对 ECA、ECN、ECI 的定义、特征以及相应的解决方案进行了介绍。本章将结合边缘计算的场景以及边缘计算对网络的需求（参见第 5 章、第 6 章），对在边缘计算网络中所采用的关键技术进行深入介绍。本章涉及的都是目前较为成熟的技术，这些技术在边缘计算网络中的使用将大幅促进边缘计算性能的发挥，从而满足各类业务对边缘计算的需求。

3.1　关键技术分类

　　边缘计算的固移融合场景、园区网与运营商网络融合场景等描述了边缘计算对网络的需求。其中，ECA 需要具备大带宽、多接入、数据分流、实时连接等能力；ECN 需要具备在同规模、同时满足边缘计算系统内部流量灵活调度的能力；ECI 需要具备跨域管理、精准的业务调度、网络边云协同等能力，针对整张网络，还应具备高可靠和高安全等性能。表 3-1 中展示了每种技术在边缘计算网络中应用的位置，例如 5G 应用在 ECA 中。每种关键技术在对应的位置中，解决该部分网络现有的瓶颈，实现边缘计算场景对网络的多种需求。

表 3-1　每种技术在边缘计算网络中应用的位置

	ECA	ECN	ECI
5G	√		
TSN	√	√	
超级上行	√		
网络切片	√	√	√
SDN	√	√	√
NFV	√	√	√
WiFi 6	√		
Spine-Leaf		√	
白盒交换机		√	√
融合型网络设备		√	
SD-WAN			√
SRv6	√		√
EVPN			√

3.2　5G 技术入门

5G 是面向 2020 年以后移动通信需求而发展的新一代蜂窝移动通信技术。

很多应用场景对 5G 网络(5th generation mobile networks 或 5th generation wireless systems、5th-Generation，第五代移动网络通信技术)（ 以下简称为 5G ）都有强烈的需求，例如智慧港口、智慧电网以及智慧交通等场景。以智慧交通场景为例，交通管理部门可以利用 5G 网络接入加边缘计算来实现低时延和海量接入的效果，来充分保障人、车、路的有效协同，从而提升交通安全性和通行效率等，并以此完善安全、高效和环保的道路交通系统。

随着移动互联网的蓬勃发展，海量的终端设备会源源不断地接入移动网络中，具有更高需求的应用和服务也将层出不穷。移动网络中的数据流量需求会呈现爆发式的增长，给当前的网络带来严峻的挑战。目前，在移动通信网络所采用的 4G 技术针对当下的用户和应用已经提供了非常好的服务，但其底层架构能支撑的用户数已趋于饱和，再次提升的空间已经变得很小。在 2020 年前后暴发的"新冠肺炎"疫情中，由于用户在同一时段激增，4G 暴露了其在处理超大流量时的短板。为了满足日益增长的移动流量需求，以及业务的多样性，为用户提供更加灵活、智能、高效的服务，亟须架设新一代 5G 移动通信网络。

5G 网络可以提供更高的速率、更大的连接数和更低的时延，相比于 4G（ 如 LTE-A、WiMAX ）网络，5G 网络具有超高的频谱利用率和效能，在传输速率和资源利用率等方面也比 4G 网络更高。国际标准化组织 3GPP 定义了 5G 的三大应用场景：增强型移动宽带（ enhanced Mobile BroadBand，eMBB ）、大规模机器类型通信（ mMTC ）、超可靠和低时延通信（ URLLC ）。

- eMBB 是指在现有移动宽带业务场景的基础上，进一步提升网络性能与用户体验等，并大幅提高网络传输速率，追求"人与人"之间极致的通信体验，是最贴近我们日常生活的应用场景，例如轻松观看 4K 高清视频、VR/AR 视频。

- mMTC 是指大规模物联网业务，例如当前发展迅猛的智慧城市项目，产生的海量终端需要进行联网通信，其侧重于"人与物"之间的信息交互。

- URLLC 是指超低的时延和可靠的连接，如无人驾驶、工业自动化等需要低时延和高可靠连接的业务，其重视"物与物"之间的通信需求。

为实现 5G 的新特性，满足相应的业务场景，5G 采用了毫米波（mmWave）、大规模天线（Massive MIMO）、波束赋形（Beamforming）等新技术，详细说明如下。

- mmWave：在通信领域具有更高的频率意味着更高的传输速率，根据经典的"光速=波长×频率"的公式，越短的波长就意味着越高的频率，这是移动通信史上首次使用毫米波技术，以前毫米波技术只被使用在卫星和雷达等系统上。

- Massive MIMO：该技术较之前在天线数量上有所增加，在信号覆盖的维度上有很大的提升。4G 基站仅支持十几根天线，而 5G 基站可以支持上百根天线，这样基站和用户之间就可以发送和接收更多的信号。传统的 MIMO 只能在水平面做覆盖，而大规模天线技术在信号水平维度空间基础上引入垂直维度的空域并加以利用。

- Beamforming：为了减少 Massive MIMO 带来的干扰，在基站上布设天线阵列，通过射频信号相位的控制，使得相互作用后的电磁波的波瓣变得非常狭窄，并指向它所提供服务的手机位置，而且能根据手机位置的移动自动转变方向。这种空间复用技术，由全向的信号覆盖变成精准的指向性服务，且波束之间不会相互干扰，使得基站在相同的空间中提供更多的通信链路，极大地提高了其服务容量。

2019 年 10 月 31 日，中国移动、中国联通和中国电信三大运营商公布了 5G 商用套餐，并于当年 11 月 1 日正式上线 5G 商用套餐，这标志着我国的 5G 技术进入了商用时代。

正如边缘计算场景对边缘网络需求的描述，各种新型业务向边缘计算提出了大带宽、低时延、大连接的性能需求，而 5G 在满足这些性能的需求上发挥着至关重要的作用。虽然边缘计算在 4G 时代就已经存在，从理论上讲边缘计算也能支持 4G 的接入，但 4G 在稳定性、接入设备数量以及时延上，还远远达不到边缘计算所需要的性能指标。如果将边缘计算比作一辆超级跑车，4G 就相当于 92 号汽油，跑车使用这样的油跑在路上不仅车身抖动，也不能开出极致速度。而 5G 的增强带宽、海量连接以及超低时延等特性恰好满足边缘计算的需求。5G 之于边缘计算，就像 98 号汽油之于跑车一样。5G 会为边缘计算带来更高的稳定性和更强大的驱动力，从而促使边缘计算将其特性发挥到极致。

图 3-1 所示为 5G 在智慧交通业务场景中的应用。

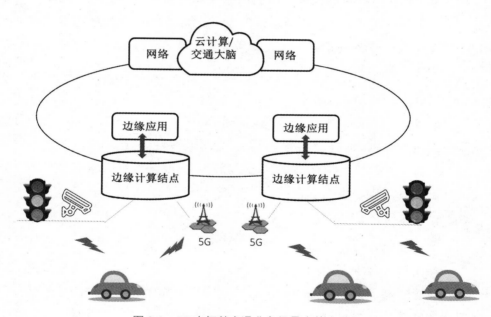

图 3-1　5G 在智慧交通业务场景中的应用

智慧交通业务提出的首要需求就是交通安全，而为了确保交通安全，服务器对车辆、道路传感器所采集的信息必须在毫秒级时间内处理完成，这对网络时延提出了极高的要求。除此之外，由于车与车之间、车与路之间需要实时交互大量的信息，因此对带宽也有很高的要求，而这些要求是 4G 远远做不到的。

　　5G 作为接入侧技术，可以使用在 ECA 中，其将大大提高数据的传输速率，并提供海量的终端设备接入，以及大幅降低端到端的传输时延，真正满足边缘计算所提出的超低时延、超大带宽、超高吞吐等需求。同样，6G 作为 5G 的下一代技术，可以在 5G 基础上提供更强大的接入能力，也将会带给边缘计算更强大的生命力，在本书的最后将对 6G 技术进行介绍。

3.3　TSN

　　在现场边缘计算场景中，对网络提出了异构终端接入需求、确定性时延及带宽需求、可靠连接性需求、跨域协同和管理、安全需求等。为了满足上述需求，可以将边缘计算和时间敏感网络（Time Sensitive Networking，TSN）相互结合，实现现场网络的 OT 和信息技术（Information Technology，IT）融合。

　　TSN 指的是 IEEE802.1 工作组中的 TSN 任务组正在开发的一套协议标准，TSN 仅指数据链路层的标准。该标准定义了以太网数据传输的时间敏感机制，为标准以太网增加了确定性和可靠性，以确保以太网能够为关键数据的传输提供稳定一致的服务。

　　随着 IT 与 OT 的不断融合，市场对于统一网络架构的需求变得较为迫切，而工业物联网等的快速发展使这一融合变得更为迫切。但由于 IT 与 OT 对于通信需求不同，IT 与 OT 的融合一直存在着不小的障碍。如 IT 领域的数据传输需要大带宽，而 OT 领域的数据传输则更追求实时性与确定性，对大带宽需求不大，两个领域的数据无法在同一个网络中进行传输，因此需要一个全新的解决方案，于是 TSN 应运而生。

　　TSN 技术是由 AVB（Audio Video Bridging，以太网音视频桥接技术）网络演进而来的，其应用范围也从原来的音频、视频领域发展到工业、汽车、制造、运输、过程控制、航空航天以及移动通信网络等多个领域。TSN 由一系列技术标准构成，其主要分为时钟同步、数据流调度策略（即整形器），以及 TSN 网络与用户配置、安全相关标准等。

IEEE802.1as 提供了可靠准确的网络时间同步，时间同步是提供流量延迟保证的根本前提。

IEEE802.1qbv 将以太网络数据流量划分为不同的类型，作为 TSN 在进行二层帧的转发、队列调度时的依据。

IEEE802.1qcc 为了让用户易于配置网络，定义了网络配置管理的相关标准，TSN 的配置模型包括全集中式配置模型、混合式配置模型，以及全分布式配置模型三种。

IEEE802.1cb 定义了 TSN 的可靠性，无论发生什么故障，均能强制实现可靠的通信。

时间敏感网络在互联互通、全业务高质量承载和智慧运维上具有很强的优势。在互联互通方面，传统的通用以太网具有良好的开放性和互操作性，但难以满足工业应用的高要求；传统的工业以太网可以满足工业应用的要求，但需要对网络协议进行定制化的开发，以及使用专用的硬件，只能做到专网专用，所以不同的网络之间互通性极差。相比较之下，TSN 技术由于定制了标准的、开放的二层协议，在满足确定性、可靠性工业应用需求的基础上，还能提供良好的互联互通性。在全业务高质量承载方面，TSN 为原有的工业网络架构进行扁平化的融合提供了可能，同时支持不同类型的业务流在这张扁平化的工业网络上实现混合承载，TSN 中所定义的队列调度等相关机制，使得为二层网络向不同等级的业务流提供差异化服务需求成为了可能。在智慧运维方面，由于 TSN 遵循 SDN 体系架构，可以基于 SDN 架构实现网络的灵活配置、管理，以及智能运维。

时间敏感网络目前主要满足工厂 OT 网络设备的互联互通，以及 OT 网络和 IT 网络的互联需求。下面以工业制造场景为例（见图 3-2），介绍该场景中 TSN 相关的前 3 种应用。

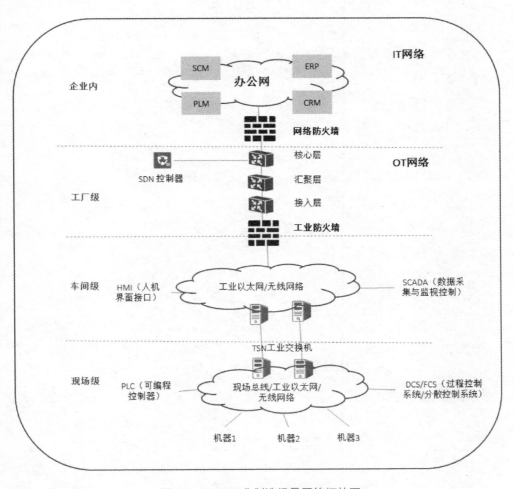

图 3-2　TSN 工业制造场景网络拓扑图

1．现场级

工业现场总线、以太网络、无线网络被大量用于连接现场检测传感器、执行器与工业控制器，实现现场设备的互联互通、产线与产线外部车间内部网络的互联互通。现场级采用 TSN 工业交换机，完成温控、电表等基础环境数据的传输，高速网络实现了 PLC、电脑终端等设备互联。

2．车间级

车间级网络设备以产线为单位，主要完成控制器之间、控制器与本地或远程监控系统之间，以及控制器与运营级之间的通信连接。

3. 工厂级

工厂级网络设备对整体数据汇总并集中管控，实现工厂内部各车间之间的互联互通，以及工厂与工厂外部企业内部网络的互联互通。在工厂内部署 SDN 解决方案技术，可由 SDN 控制器进行统一资源管理和业务管理，满足可视化管理、智能调度，提升应用体验，简化运维，降低 CapEx 的要求。

TSN 能够保证优先传输对时间敏感的数据，从而让实时性效果更好，确定性也更高。此外，其大带宽、高精度调度又可以保证各类业务流量共网混合传输，从而将工厂内部现场存量的工业以太网、物联网及新型工业应用连接起来，根据业务需要实现各种流量模型下的高质量承载和互联互通。同时 TSN 基于 SDN 的管理架构将极大地提升工厂网络的智能化灵活组网的能力，以满足工业互联网时代的多业务海量数据共网传输的要求。

边缘计算网络是实现边缘计算强大能力必不可少的一部分，TSN 可以从异构计算、存储、云边协同以及安全性等方面增强边缘计算能力。边缘计算系统中包含了众多不同类型的计算资源，边缘计算需要提供存储能力，保证数据能被快速、持久地写入和查询，但由于边缘计算系统、设备往往体量较小，自身携带的存储资源有限，因此需要通过网络连接外部存储设备，在 TSN 网络的支持下，可以保证数据存储与写入的及时性、可靠性和安全性。由于边缘计算与云计算之间存在互补关系，所以云边协同一直是边缘计算领域的热门话题，云边协同即将边缘计算同样划分为 IaaS、PaaS、SaaS 等多层，然后将 EC-IaaS 与云端 IaaS 对接，实现对网络、虚拟化资源、安全等的资源协同；EC-PaaS 与云端 PaaS 对接，实现数据协同、智能协同、应用管理协同、业务管理协同；EC-SaaS 与云端 SaaS 对接，实现服务协同。

为了给业务提供更好的服务，协同工作对时延有一定的要求，在 TSN 网络的支持下，云边协同可以做到更加实时可靠；边缘计算除了对低时延有需求外，还有一个很重要的需求就是安全性，云计算由于距离终端用户十分遥远，以及其具有公有的特性，往往会令终端用户担心自己的数据在云上处理是否安全。因此，边缘计算在设计之初就将安全性考虑在内，如边缘计算的地理位置距离用户很近。尽管如此，只要数据仍需要在网络中传输，其安全性就面临着很大的挑战。而 TSN 从设计之初就带有安全属性；可以保证数据的安全传输，这在一定程度上减轻了边缘计算网络的安全负担。边缘计算在一定程度上依赖 TSN，反过来，企业在部署 TSN 后，又会促使边缘计算业务的产生和部署。在边缘计算网络中使用 TSN 标准，为有确定性、可靠性需求的业务提供了强有力的服务保障。

2015 年，IETF 成立了确定性网络（DetNet）工作组，致力于在第二层桥接段和第三层路由段上建立确定性数据路径。这些路径可以提供延迟、丢包和数据包延迟变化（抖动）以及高可靠性的界限，可以认为 DetNet 是广义的时间敏感网络技术。我们将在本书的最后一章对 DetNet 技术进行介绍。

3.4　超级上行

超级上行顾名思义就是终端拥有超级大的上行带宽。

边缘计算的很多场景都有大带宽的需求，带宽又分为上行带宽和下行带宽两种。4G 时代网络应用主要面向个人消费者，用户对下行带宽的要求比较高，如视频播放、数据下载等。而在 5G 时代，万物互联、直播类、VR/AR 等新型应用自下而上产生了海量的数据，除了传统的对下行大带宽的需求，还对上行带宽提出了更高的要求。因此，如何提升网络中的上行带宽就成为 5G 技术中需要突破的技术难点。

5G 的双工模式包括 FDD（Frequency Division Duplexing，频分双工）和 TDD（Time Division Duplexing，时分双工），到目前为止，业界为解决上行无线网络覆盖的短板提出了两种方案：TDD+FDD 的载波聚合技术（CA）和 FDD 低频的上行频段做补充的技术（SUL），但两种方案各自都存在不足。

超级上行是一种使用 FDD/TDD 时频域复用聚合提升上行覆盖和容量的

技术。它将 TDD 和 FDD 协同、高频和低频互补、时域和频域聚合，充分发挥 3.5G 大带宽能力和 FDD 频段低、穿透能力强的特点，既提升了上行带宽，又提升了上行覆盖，同时缩短网络时延。超级上行技术可以用在 ECA 中，满足出现在边缘计算中具有高速率上行要求业务的需求。

3.5　网络切片

智慧电网场景对网络切片有需求：由于电力对网络的时延和安全性要求都非常高，需要支持行业提供特需级网络切片来满足其需求。在移动网络和固网融合场景、园区网与运营商网络融合场景、现场边缘计算场景（后续章节详细讲解）中都涉及对网络切片的需求，固移融合网络应根据业务需求，支持相应级别的网络切片接入。园区网络一般都临近行业现场，都支持行业普通级以上的网络切片接入。现场级网络对时延、带宽、安全性有非常高的要求，支持至少行业 VIP 级的切片接入。

那什么是网络切片呢？

网络切片是一种按需组网的方式，它可以让运营商在统一的基础设施上分离出多个虚拟的端到端网络，以适配各种类型的应用。由此隔离出来的虚拟网络在逻辑上都是相互独立的，因此一个虚拟网络发生故障不会对其他虚拟网络造成影响。

随着 5G 时代和 AI 时代的到来，各种新型应用、场景层出不穷，对网络的需求更是千差万别。云游戏、车联网等业务对时延的要求很苛刻，需要网络能在极短的时间内进行响应；而 4K/8K 高清视频等业务则需要高带宽，但对时延的需求没有那么苛刻；赛事、演唱会等人流密集的地方则是大连接的需求。如果要对每一种业务场景都建立一个满足它需求的网络，则显然会使成本巨高，但用同一张网络去承载不同的业务，也很难同时满足大带宽、低时延、高可靠性等需求。因此就需要一种全新的技术，如网络切片，来灵活地匹配不同业务的多样化需求。

网络切片技术具有以下四个主要的特性。

- 隔离性：不同的网络切片之间互相隔离，一个切片的异常不会影响其他切片的正常工作。
- 虚拟化：网络切片是在物理网络上划分出来的虚拟网络。
- 按需定制：可以根据不同的业务需求去自定义网络切片的业务、功能、容量、服务质量与连接关系，还可以按需对切片的生命周期进行管理。
- 端到端：网络切片是针对整个网络而言的，不仅需要核心网，还包括接入网、传输网、管理网等辅助网络。

基于业务场景网络切片可以分为 eMBB 切片、mMTC 切片及 URLLC 切片，也就是前文提到的 5G 的三大应用场景，每一类切片针对每一种场景提供对应的服务。其中，eMBB 切片为大流量移动宽带业务提供服务，例如 AR/VR、4K/8K 高清视频等业务；mMTC 为大规模物联网业务提供服务，需要支持海量接入；URLLC 切片为超低时延、高可靠类业务提供服务，例如自动驾驶等业务。

基于切片资源访问对象网络切片可以分为独立切片和共享切片。

- 独立切片是指拥有独立功能的切片，网络资源经过切片后，指定的用户对象群体或业务场景可以获得网络侧完整且独立的端到端网络资源和业务服务，不同切片间的资源在逻辑上相对独立，切片资源仅在相应切片内部可被调用并提供相应的服务。
- 共享切片是指切片资源仍可供其他不同的独立切片共享调度和使用，以提供部分可共享的业务功能和服务，提高资源的利用率。共享切片提供的功能可以是端到端的，也可以是只提供部分共享功能的。

如图 3-3 所示，在一个完整 5G 端到端切片中，至少可分为无线网子切片、承载网子切片和核心网子切片三部分，这三部分切片通过统一的网络切片管理器进行管理。

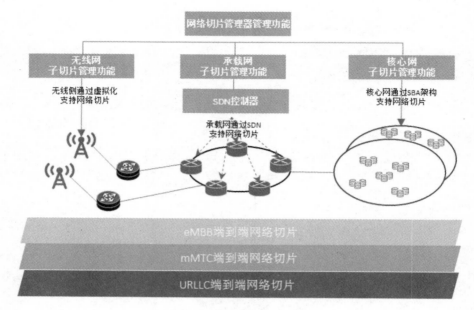

图 3-3　5G 网络切片整体架构

- 无线网子切片通过虚拟化支持网络切片，根据服务等级协议（SLA）需求的不同进行灵活的切片定制，主要是对协议栈功能和时频资源进行更进一步的切分。

- 承载网子切片运用虚拟化技术，将网络的拓扑资源进行虚拟化，将传统的承载网资源划分为多个逻辑独立的虚拟子网。每个虚拟子网逻辑独立，具有各自的管理面、控制面和转发面，用来支持不同业务对网络的差异化需求。

- 核心网子切片把网元功能打散，用不同的网元去承担不同的功能，这样网络切片就可以灵活定制相应的功能，核心网基于 SBA（服务化架构），将网络功能定义为若干个可被灵活调用的"服务"模块，"服务"模块之间使用轻量化接口通信。每种服务均可独立扩容与演进并按需部署，这种结构高内聚、低耦合，使核心网更加灵活、开放、易拓展，从而可以满足网络切片按需定制和动态部署的要求。

目前，针对网络切片的研究主要在 3GPP 和 ETSI 标准组织中推进，3GPP 重点研究网络切片对网络功能（如接入选择、移动性、连接和计费等）的影响，ETSI 主要研究虚拟化网络资源的生命周期管理。除此之外，ITU、MGMN 等标准组织也开展了对网络切片的研究，但目前这些组织对于切片的研究主要还停留在架构、需求等较高的层次，具体到切片的实现方法等内容上，目前主要由 3GPP 负责制定。当前，通用硬件的性能和虚拟化平台的稳定性仍是网络切片技术全面商用的瓶颈，运营商也正在通过验证和小范围内部署的方法去稳步推进，使得技术更成熟。

在边缘计算网络中使用网络切片技术，可以为不同的用户根据业务需求选择每个切片所需的特性，例如低延迟、高吞吐量、连接密度、频谱效率、流量容量和网络效率，这有助于提高创建产品和服务方面的效率，提升客户体验。

3.6　SDN

边缘计算对网络的灵活性有强烈的需求，边缘计算业务要求网络资源可以动态调用，以及能灵活配置满足其多变的需求。在边缘计算网络中应用 SDN 技术，可以让网络变得更灵活，且可编程化也使其更加可管、可控。

3.6.1　SDN 简介

SDN 技术是一种将网络设备控制面与转发面分离，并将控制面集中实现的软件可编程的新型网络体系架构。

随着网络的迅猛发展，以及社交媒体、移动设备和云计算在内的 Internet 和 ICT 的飞速发展，传统网络存在的以下问题已被推向极限：（1）传统网络中的部署和管理都很困难；（2）分布式体系结构的瓶颈；（3）流量控制很难实现；（4）设备不可编程。

为解决以上问题，SDN 创始人 Nick McKeown 教授研究并比较了计算机行业和网络行业的创新模式。在分析了计算机行业的创新模式之后，他总结了支持其快速创新的三个因素：

（1）计算机行业发现了一种通用的、面向计算的底层硬件，其能够以软件定义的方式实现计算机功能的通用处理器。

（2）软件定义的计算机功能方式带来了更灵活的编程能力，使软件应用程序的类型呈爆炸式增长。

（3）计算机软件的开源模型催生了大量的开源软件，加速了软件的开发过程，并促进了整个计算机行业的快速发展。Linux 开源操作系统就是最好的证明。

相反，传统的网络设备类似于 20 世纪 60 年代的 IBM 大型机：网络设备硬件、操作系统和应用程序紧密耦合在一起，形成一个封闭的系统。这三个部分是相互依赖的，并且通常属于同一个网络设备制造商。每一部分的创新和发展都需要其余部分进行相应的升级，否则无法达到目的，这种架构严重阻碍了网络的创新和发展。如果网络行业能够像今天的计算机行业一样拥有三个基本要素：通用硬件、软件定义功能和开放源代码模型，那么它肯定会实现更快的创新，并最终像计算机行业一样获得空前的发展机会。在这一想法的影响下，Nick McKeown 教授的团队提出了一种新的网络架构，即 SDN。

SDN 具有开放可编程、控制面和数据面的分离、集中控制等特点，下面进行详细说明。

（1）开放可编程：SDN 建立了新的网络抽象模型，为用户提供了一套完整的通用 API 接口，使用户可以在控制器上对网络进行编程、实施控制和管理，从而加快了网络服务部署和创新的过程。

（2）控制面和数据面的分离：这里的分离是指控制面和数据面的解耦，即控制面和数据面可以单独存在，不再相互依赖，它们可以独立完成各自架构的演变。控制面和数据面的分离是 SDN 体系结构与传统网络体系结构不同的重要指标。

（3）集中控制：主要指分布式网络的集中统一管理。在 SDN 架构中，控制器收集并管理所有网络状态信息，集中控制为软件定义网络提供了架构基础。

在这三个特点中，控制面和数据面的分离为逻辑集中控制创造了良好的条件。逻辑集中控制为开放式可编程控制提供了架构基础，而网络的开放式编程是 SDN 的核心特征。

3.6.2 SDN 架构

一般情况下，通用的 SDN 体系架构（见图 3-4）主要包括：应用层、控制层和基础设施层。

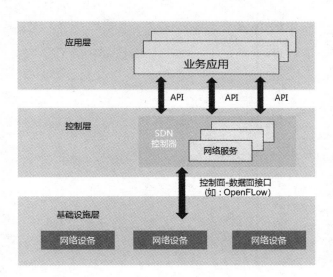

图 3-4 SDN 体系架构

其中，应用层与控制层之间，通过北向接口连接；控制层与基础设施层之间，通过南向接口连接，说明如下。

- 应用层实现相应的网络功能应用。这些应用程序通过 SDN 控制器的北向接口实现对网络数据面设备的配置、管理和控制。

- 北向接口是 SDN 控制器和网络应用程序之间的开放接口，它为 SDN 应用程序提供了通用的开放编程接口。

- SDN 控制层是 SDN 的大脑，也称为网络操作系统。控制器不仅需要通过北向接口为上层网络应用程序提供不同级别的可编程性，还需要通过南向接口统一配置、管理和控制 SDN 数据面。

- 南向接口是 SDN 控制器和数据面之间的开放接口。SDN 控制器通过南向接口控制数据面以实现网络行为，例如数据面转发。主要协议是 OpenFlow、NetConf 和 OVSDB，OpenFlow 协议是事实上的国际行业标准，NOX、Onix 和 Floodlight 都是基于 OpenFlow 控制协议的开源控制器。

- SDN 数据面包括基于软件和硬件实现的数据面设备。数据面设备通过南向接口从控制器接收指令，并根据这些指令执行特定的网络数据处理。同时，SDN 数据面设备还可以通过南向接口将网络配置和运行时的状态反馈给控制器。

3.6.3 SDN 的优势

SDN 转控分离的架构与传统的网络架构相比，具有以下优势。

- 提供网络结构：提供整个网络体系结构的统一视图，并能简化配置、管理和优化。

- 加快新服务的引入：网络运营商可以通过软件部署新功能，而不必像以前那样等待设备提供商为其专有设备添加解决方案。

- 降低错误率：通过开发自动执行网络管理任务的组件减少由操作员和技术人员的配置错误而导致的不稳定现象。

- 提高敏捷性和灵活性：软件定义的网络可帮助快速部署新的应用程序、服务和基础架构，以满足不断变化的业务需求。

- 促进创新：SDN 能够创建新型的应用程序、服务和业务模型，这些应用程序、服务和业务模型可以为客户提供新的收入流，并从网络中获得更多的价值。

3.6.4　SDN 控制器

SDN 控制器是 SDN 体系结构的重要组成部分，是 SDN 的"大脑"。SDN 控制器的性能表现会直接影响网络的性能。自 SDN 发展以来，不同的组织引入了不同的控制器。下面简要介绍这些控制器。

1．NOX

NOX 是 SDN 开发历史上的第一个控制器，由 Nicira 开发。作为世界上第一个 SDN 控制器，NOX 在 SDN 开发的早期被广泛使用。NOX 的底层架构是用 C++语言编写的，支持 OpenFlow 1.0 版本协议。但由于 NOX 使用的开发语言是 C++，因此对开发人员的要求更高，开发成本也更高。为了解决这个问题，Nicira 推出了兄弟版本的 NOX-POX。

2．POX

POX 是基于 Python 语言开发的，代码相对简单，更适合初学者，因此 POX 迅速成为 SDN 开发初期最受欢迎的控制器之一。POX 是绿色软件（指软件对系统没有任何改变，除软件安装目录外，不往注册表、系统文件夹等任何地方写入任何信息），无须下载即可使用。由于 Python 语言支持多种平台，因此 POX 也支持多种操作系统，例如 Linux、Mac OS 和 Windows。在功能方面，POX 的核心功能与 NOX 的核心功能一致。另外，POX 提供了基于 Python 语言的 OpenFlow API 和一些可复用的模块，例如拓扑发现。

3．RYU

RYU 控制也是基于 Python 语言开发的，具有漂亮的编码风格、清晰的模块和强大的可扩展性。它不仅支持 OpenFlow 1.0 到 1.5 协议，还支持其他南向协议，例如 OF-Config、OVSDB、VRRP 和 NET-CONF。 RYU 可以用作 OpenStack 的插件，支持与开源入侵检测系统 Snort 的合同，也支持使用 ZOOKEEPER 实现高可用性。在内置应用程序方面，RYU 源代码已经包含了许多基本应用程序，例如简单的第二层交换、路由、最短路径和简单的防火墙等。

4．Floodlight

由 Big Switch Networks 公司开发的 Floodlight 控制器用 Java 语言编写，并遵循 Apache v2.0 许可证。由于其具有出色的稳定性能，被称为企业级 SDN 控制器。Floodlight 的性能可以满足商业应用的需求，并且由于其出色的表现，已被学术界和工业界广泛采用，目前成为最受欢迎的 SDN 开源控制器之一。

5．OpenDaylight

OpenDaylight 是一个高度可用的、模块化的、可伸缩的、多协议的支持控制器平台，它是一个基于 Java 语言开发的控制器。OpenDaylight 支持各种南向协议：OpenFlow 1.0 和 1.5、NETCONF 和 OVSDB。

6．ONOS

ONOS（开放网络操作系统）是一个专注于服务提供商网络的开源 SDN 控制器。该平台用 Java 语言开发，并使用 OSGi 进行功能管理。

3.6.5　SDN 工作流程

以基于 OpenFlow 的 SDN 工作流程为例，在 SDN 与交换机建立好通信机制后，SDN 的工作流程如下（见图 3-5）。

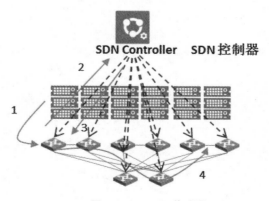

图 3-5　SDN 工作流程

（1）主机向网络发送数据包；

（2）如果在 OpenFlow 交换机流表中没有匹配项，则交换机将 Packet_in 发送到控制器；

（3）控制器将流条目或 Packet_out 发送到交换机；

（4）交换机根据流表转发数据包。

在传统 IT 体系结构中，如果服务需求发生变化，则需要重新配置相应的网络设备（如路由器、交换机、防火墙），非常麻烦。在 Internet 或移动 Internet 时代瞬息万变的商业环境中，灵活性和敏捷性就变得更为重要。SDN 的作用是将控制功能与由中央控制器管理的网络设备分离，而无须依赖底层网络设备（如路由器、交换机、防火墙），从而将差异与底层网络设备隔离开来。底层控制是完全开放的，用户可以定义要实施的任何网络路由和传输规则策略，从而使它们更加灵活和智能。

SDN 目前在产业界受到热烈的追捧，运营商和通信服务提供商都加大相关方向的部署力度，希望能发挥 SDN 的优势帮助新服务快速部署，实现高度的网络自动化和动态更新，从而降低运营成本。

3.7　NFV

传统的通信网元采用软件和硬件结合的构造方式，这种网元设备可靠性高，性能强大，但是这种垂直一体化的封闭架构在享受这些好处的同时也带来了相应的问题，比如研发周期较长、扩展性受限、不利于网络的快速迭代等。传统的网元一旦部署，后续的更新改造就会受制于设备制造商。这就导致了 CAPEX（Capital Expenditure，资本性支出）和 OPEX（Operating Expense，营运资本）居高不下，对于有着灵活多变需求的边缘计算网络来说，这无疑是一个难以突破的巨大瓶颈。因此，我们希望在边缘计算网络中利用 NFV 技术打破这种垂直封闭的架构，将网络能力开放出来，更好地为边缘计算的业务服务。

3.7.1 NFV 的基本架构

NFV 能够将传统电信设备的功能，通过软件的形式部署在通用服务器上，实现网络功能和硬件设备解耦，便于网络功能快速迭代。此外，NFV 结合了当前火热的 IT 虚拟化技术，使用虚拟化的方式统一管理底层硬件资源，再将抽象后的资源交付给上层网络功能使用，以达到业务灵活部署和降低整体成本的目的。

NFV 技术的实现得益于 COTS（Commercial Off-the-shelf，商用现成品）计算技术、虚拟化技术和云计算技术的发展。通过虚拟化技术可以将通用的 COTS 计算、存储、网络硬件设备，划分为多种虚拟资源，并在其上部署所需的网络功能。通过云计算技术，实现应用的弹性伸缩，从而使资源和业务负荷相匹配，既提高了资源利用效率又保证了系统的响应速度。

图 3-6 展示了欧洲电信标准化协会（ETSI）定制的 NFV 基础架构。

从纵向看，NFV 架构与计算资源虚拟化类似，主要包括三个层次的内容，从下往上分别为 NFV 基础设施层、NFV 虚拟网络层、NFV 运营支撑层。

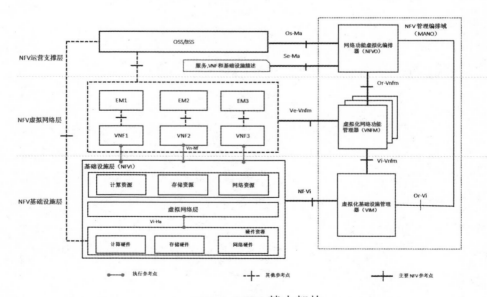

图 3-6 NFV 基本架构

详细说明如下。

- NFV 基础设施层：主要包含多种物理资源，负责底层物理资源的虚拟化，为 VNF 提供部署、管理和执行环境，以及实现对 NFVI 的管理和监控，包括 NFVI 和 VIM 两部分。

- NFV 虚拟网络层：主要包括 VNF、EMS 和 VNFM，其中 VNF 是能够在 NFVI 上运行的网络功能的软件实现；EMS 是 VNF 的网元管理系统，提供网元管理功能；VNFM 是 VNF 管理系统，负责 VNF 生命周期管理。

- NFV 运营支撑层：实现对业务的编排、运维与管理，主要包括 OSS/BSS 和网络功能虚拟化编排器（Network Function Virtualization Orchestrator，NFVO）。其中 OSS/BSS 实现与 NFVO 的交互，完成维护与管理功能；NFVO 负责跨 VIM 的 NFVI 资源编排及网络业务的生命周期管理和编排。

从横向上看，主要分为以下两个域。

- 业务网络域：主要指目前的各个电信业务网络。

- 管理编排域：NFV 同传统网络最大的区别就是，增加了一个管理编排域，简称 MANO，负责支持基础架构虚拟化的物理和/或软件资源的编排与生命周期管理，以及 VNF 的生命周期管理。该域主要由 NFVO、VNFM 与 VIM 组成。如前所述，NFVO 主要负责跨 VIM 的 NFVI 资源编排及网络业务的生命周期管理和编排，并负责 NSD 的生成与解析。VNFM 主要负责 VNF 的生命周期管理，并负责 VNFD 的生成与解析。VIM 主要负责整个基础设施层资源的管理和监控。

3.7.2　NFV 的目标

NFV 希望实现的目标如下。

- 与专用硬件实施方案相比，NFV 能提高资本效率。这是使用商用现成品（COTS）硬件（即通用服务器和存储设备）通过软件虚拟化技术提供网络功能（NFS）来实现的，这些网络功能称为虚拟网络功能。共享硬件并减少网络中不同硬件体系结构的数量，也有助于实现这一目标。

- 改进将 VNF 分配给硬件的灵活性。这既有助于其以后的扩展，又可以在很大程度上将功能与位置分离开来，从而使软件位于最合适的位置，如用户端、网络交换点、中心机房、数据中心等。这可以实现时间复用，支持 Alpha、Beta 和生产版本的各种测试，通过虚拟化增强弹性并促进资源共享。

- 通过基于软件的服务部署来快速地进行服务创新。

- 通用的自动化操作程序提高了操作效率。

- 通过迁移工作负载并关闭未使用的硬件来降低功耗。

- 提供标准化、开放化的虚拟化网络功能及基础设施和关联的管理实体之间的接口，以便不同的供应商提供解耦的原件。

在非虚拟化网络中，网络功能是由特定供应商的软件和硬件的组合来实现的，通常称其为网络节点或网络元素。网络功能虚拟化代表了电信网络领域的进步。这样，与当前的实践相比，NFV 在实现网络服务供应方式上引入了许多差异，简要说明如下。

- 软件与硬件分离：由于网络元素不再是集成的硬件和软件实体的集合，因此两者的发展彼此独立。这使得软件可以独立于硬件进行开发，反之亦然。

- 灵活的网络功能部署：软件与硬件的分离有助于重新分配和共享基础架构资源。因此，硬件和软件可以在不同时间执行不同的功能。假设硬件或物理资源池已经到位并安装在某些 NFVI-PoPS 上，则实际的网络功能软件实例化可以变得更加自动化，这种自动化利用了当前可用的多种云和网络技术。而且，这有助于网络运营商在相同的物理平台上能更快地部署新的网络服务。

● 动态操作：将网络功能解耦到可实例化的软件组件中，可以提供更高的灵活性，以动态方式和更细的粒度（如根据网络运营商所需的实际流量）扩展 VNF 性能。

ETSI 于 2012 年 10 月在德国 SDN 和 OpenFlow 世界大会上发布了白皮书《网络功能虚拟化》，正式将 NFV 引入网络世界。此后 ETSI NFV 工作组以两年为一个阶段，开始逐步制定 NFV 相关的国际标准规范，目前已进入第四阶段，开始注重 NFV 商用落地的研究。

常见的 NFV 化网元包括 5G UPF、vBRAS、vSR、vCPE 等。利用虚拟化技术，将网络节点的功能，分割成几个功能区块，分别以软件方式实现，而不再局限于硬件架构。这解决了网络设备功能过度依赖专用硬件的问题，从而降低昂贵的网络设备成本，使资源可以充分灵活地共享，实现新业务的快速开发和部署。

3.8　WiFi 6

WiFi 6，就是第六代 WiFi。其在 2019 年发布的 IEEE 802.11 无线局域网标准的最新版本，提供了对之前网络标准的兼容，也包括现在作为主流在使用的 802.11n/ac。电气电子工程师学会为其定义名称为 IEEE 802.11ax，负责商业认证的 WiFi 联盟为方便宣传称其为 WiFi 6。

在智能家居行业爆发式增长的背景下，如果说要让 5G 完全替代 WiFi 是不太现实的。5G 是一种在室内、室外均可以使用的移动通信技术，对于智能家居来说，适用于室内的 WiFi 更有优势。现在通用的第五代 WiFi 在传输速度、节能，以及对海量设备的支持上，还远远不能满足智能家居发展的需求。因此急需新一代 WiFi 技术来将整个家庭带入人工智能时代。

WiFi 6 相比于上一代 WiFi 速度更快，也更安全和省电。其主要使用了 OFDMA、TWT、BSS Coloring、MU-MIMO、WPA 3 等技术，增加了网络设备连接数，天线数量从 4×4 升级到 8×8，最高速率可达 9.6Gbps，相关技术说明如下。

- OFDMA（正交频分多址）：这是无线通信系统中的一种多重接入技术。之前的 WiFi 技术使用的是 OFDM 技术，通过频分复用实现串行数据的并行传输，当有多台设备连接时，处理时会有先后顺序。而 OFDMA 技术将无线信道划分为多个子信道，数据传输时不会占用整个信道，因此可以实现每个时间段内多个用户的并行传输，这样就解决了当有多台设备连接时产生的拥塞和延时问题。

- TWT（定时唤醒）：允许路由器和设备之间协商多久唤醒进行发送和接收数据，这样对不需要进行持续性工作的终端设备，如智能家居设备可以起到省电效果，减少了电池消耗，也减少了由于所有设备同时处于工作状态而带来的无线资源竞争。据测算，功耗可降低 30%。但对于手机、笔记本等需要持续工作的设备，目前还无法受益于 TWT 省电技术。

- 多用户—多输入多输出（Multi-User Multiple-Input Multiple-Output，MU-MIMO）技术：是指在无线通信系统里，一个基站同时服务于多个移动终端，基站之间充分利用天线的空域资源与多个用户同时进行通信。WiFi 6 在上行、下行传输中都使用了 MU-MIMO 技术，这样路由器便可以同时与多个终端设备进行通信，从而提升网络速率，满足多接入的需求。

- WPA 3：是 WiFi 联盟推出的新一代 WiFi 安全标准，WiFi 6 采用 WAP3 技术可以有效提升安全性能，阻挡软件暴力破解 WiFi 密码。

5G 在室外可以取得很好的接入效果，对于室内的设备 WiFi 6 可以提供更为强大的接入功能，WiFi 6 可以视为 5G 在室内的有效补充，图 3-7 所示为 WiFi 6 的使用示意图。

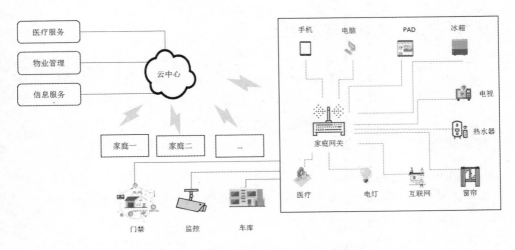

图 3-7 WiFi 在智慧家庭场景中的应用

以智能家居场景为例,其对设备的接入数量、电量的消耗,以及数据的安全都有很高的需求。未来一个家庭可能会有数十个甚至上百个终端需要进行网络连接,而作为最贴近个人生活的地方对于数据隐私的保护是至关重要的。因此,在智能家庭场景中使用 WiFi 6 技术可以很好地满足这些需求。

目前,由于网络和硬件设备的原因,我们目前还无法完全使用 WiFi 6 技术。不过,据 Gartner 等机构研究的数据显示,随着 WiFi 6 标准芯片和路由器的量产,未来两三年,WiFi 6 有望被快速普及。

在 ECA 中使用 WiFi 6 技术可以支持更多的通信设备,提高用户的访问速率,节约能源。

3.9 Spine-Leaf 网络架构

在边缘计算系统中同样面临着内部组网的问题,在前文中对 ECN 的特性进行介绍时提到,当 ECN 对扩展性要求高的时候可以采用 Spine-Leaf 架构。

3.9.1 Spline-Leaf 架构简介

Spine-Leaf（叶脊）架构也称为分布式无阻塞网络。其架构的核心节点包括两种：第一种 Leaf（叶）节点负责连接服务器和网络设备；第二种 Spine 节点负责连接 Leaf 交换机，保证节点内的任意两个端口之间提供延迟非常低的无阻塞性能。

几年前，大多数的数据中心网络都基于传统的三层架构，这些架构基本都是从园区网络设计中复制而来的。一个标准的传统三层的网络架构如图 3-8 所示。对于大多数具有像园区网络这样的南、北配置的流量模型来说是非常实用的，而且三层网络架构应用广泛而且技术成熟稳定。但随着技术的发展，它也出现了瓶颈。

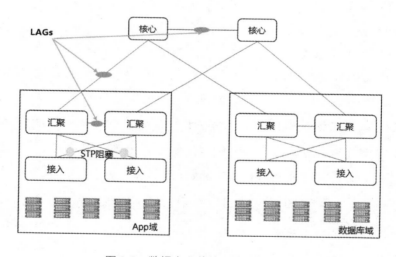

图 3-8　数据中心传统三层网络架构

数据中心的发展始终离不开数据的发展。数据中心包括其网络架构始终要为数据的存储和使用服务。随着数据量的激增，运营商发现服务器的数量明显不足，因此在服务器层面对其做出反应，服务器虚拟化趋势越来越强，随之而来的就是改变服务器与网络的关系，打破了原来网络和操作系统紧耦合的关系，变为松耦合的关系，此时的数据中心网络不再能直接感知操作系统，而这种对应关系上的变化又带来了以下两个层面的矛盾。

- 性能层面：单台物理机上的应用增多，或者说虚拟机变多，导致单个网口上承载的数据流量增大，使原来的链路数量不足；

- 功能层面：物理服务器不再是真正的业务所在，真正的业务在虚拟机上，但是虚拟机要在服务器上漂移，不能像原来一样被固定在一个区域中了。

所以，传统的数据中心网络架构必须做出相应的改变，即向扁平化、大带宽的架构转变。针对于此，一些大型 OTT 开始在其数据中心中构建叶脊（Spine-Leaf）网络架构，如图 3-9 所示。相比于传统的三层网络架构，Spine-Leaf 拿掉了核心层，实现了层次的扁平化。Leaf 交换机负责所有的接入，Spine 交换机只负责在 Leaf 交换机间进行高速传输，数据中心网络中任意两个服务器都可以通过 Leaf-Spine-Leaf 实现三跳可达的目的。

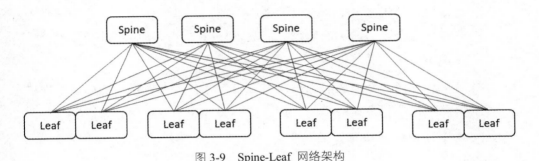

图 3-9　Spine-Leaf 网络架构

3.9.2　Spline-Leaf 网络

Spine-Leaf 网络其实就是对 CLOS 进行了折叠，通过等价多路径实现无阻塞性和弹性，交换机之间采用三级网络架构，使其具有可扩展、简单、标准和易于理解等特点。除了支持 Overlay 层面技术，Spine-Leaf 网络架构的另一个好处就是它提供了更为可靠的组网连接，因为 Spine 层面与 Leaf 层面是全交叉连接的，任一层中的单交换机故障都不会影响整个网络结构。

- 带宽利用率高：每个从 Leaf 到 Spine 的多条上行链路都以负载均衡的方式工作，充分地利用了带宽。

- 网络延时可预测：在以上模型中，各 Leaf 之间连通路径的条数可以确定，均只需经过一个 Spine，东西向网络延时可预测。

- 可水平扩展带宽：带宽不足时，增加 Spine 交换机数量，即可水平扩展带宽。

- 服务器数量水平扩展：当服务器数量增加时，增加 Leaf 交换机，扩大数据中心的规模。

- 单个交换机要求低：南北向流量可以从 Leaf 节点出去，也可从 Spine 节点出去，东西向流量会分布在多条路径上，对单个交换机的性能要求不高。

- 高可用性强大：传统网络采用 STP 协议，当一台设备故障时就会重新收敛，影响网络性能甚至导致网络发生故障，而当 Spine-Leaf 架构中一台设备出现故障时，不需要重新收敛，流量继续在其他正常路径上通过，网络连通性不受影响，带宽也只减少这一条路径的带宽，对性能的影响微乎其微。

- 可扩展性好：无须提前规划网络规模，可以按需扩容，既可以小规模启用，也适用于大规模的运用方式。

ECN 中使用该架构可以满足数万台服务器的高速转发。

当然，Spine-Leaf 网络架构也不是完美的。其中一个比较明显的缺点是：交换机数量的增多使得网络规模变大。使用 Spine-Leaf 网络架构的数据中心需要按用户端的数量，增加相应比例的交换机和网络设备的数量。随着服务器数量的增加，需要大量的 Leaf 交换机上行连接到 Spine 交换机。

在设计 Spine-Leaf 网络的时候，还应该特别注意带宽的比例关系。Spine 交换机和 Leaf 交换机的直接互联需要匹配，在一般情况下，Leaf 交换机和 Spine 交换机之间的合理带宽比例不能超过 3∶1。

同时，Spine-Leaf 网络也对布线有明确的要求。Spine-Leaf 层之间的电缆数量的增加使数据中心管理人员面临挑战，这其中甚至需要用光纤来连接。

因为光模块有传输距离远、衰减小的特点，在大型的网络部署中有着不可代替的优势。部署 Spine-Leaf 数据中心网络的时候必须根据实际的应用场景考虑，如用户端数量、带宽需求的大小、距离的远近等因素，以便选择是否需要光纤模块。

为了解决 Spine-Leaf 架构中存在的缺陷，在未来数据中心网络的建设中还会引入无损网络，这部分内容会在本书中的最后一章中进行介绍。

3.10　白盒交换机

随着软件定义网络的快速发展，白盒交换机逐渐走入人们的视野。传统交换机的硬件和软件是紧耦合的，其架构如图 3-10 所示，这导致单个交换机的价格十分昂贵，而且传统交换机的功能非常有限，需要用户登录交换机设置页面并更改规则之后，才能更改交换机的相关信息。

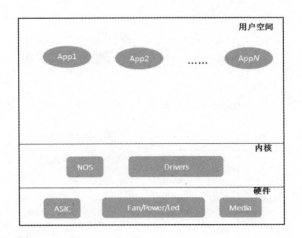

图 3-10　传统交换机架构

与传统的交换机不同，白盒交换机采用开放的体系架构，可以实现硬件与软件的解耦，用户购买这种交换机之后，只要按需搭载第三方操作系统，便可以灵活地对交换机进行自定义设计和配置。而且，由于白盒交换机只是一个单纯的硬件交换机，里面没有安装操作系统，因此它比传统的交换机成本低，售价也更低。此外，大部分白盒交换机的端口密度也较大，十分适合大型企业的高密度网络部署，例如拥有超大规模数据中心的 Facebook、Google 及国内知名的腾讯、阿里巴巴公司等均采用了白盒交换机部署网络。

微软在 2017 年正式发布的 SONIC 操作系统逐渐成为当前白盒交换机的事实标准，SONIC 通过 SAI 层，将交换机接口进行抽象设计，向上提供统一的 API 接口，向下对接不同的 ASIC 芯片，彻底解决了上层软件需要适配不同 ASIC 芯片的问题。此外，芯片层面也在不断地开放，通过可编程接口自定义芯片对于数据包的处理逻辑，实现按需添加新功能、新协议或者对原有协议进行优化等，极大地提升了灵活性。SONiC 白盒交换机架构如图 3-11 所示。

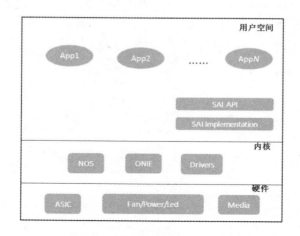

图 3-11　SONiC 白盒交换机架构

图 3-12 所示为在 SDN 架构中使用的白盒交换机。

由于 SDN 的部署需要大量的白盒交换机，因此随着 SDN 的发展，白盒交换机的市场份额也越来越高。SDN 通过控制器下发流表给交换机，完成对网络的快速灵活部署，这是传统的数据中心网络难以企及的。

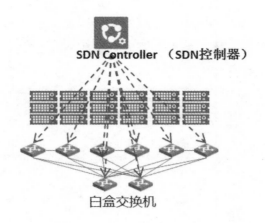

图 3-12　在 SDN 架构中使用白盒交换机示意

　　随着白盒交换机生态系统的发展，硬件、网络操作系统以及协议软件等的逐步成熟，越来越多的客户投入到白盒交换机的研发和使用中，尤其在互联网行业，基于开放架构的白盒交换机已经在很多大型互联网公司的云数据中心进行规模化部署。随着业务逐渐向精细化方向发展，对网络的定制化需求越来越多，自主可控的开源设备将会发挥更大的作用。白盒交换机因其灵活和高效的特点，显著降低了网络部署成本，使其在边缘计算网络中具有极大的优势。

3.11　融合型网络设备

　　所谓融合型网络设备，就是在一台设备上集成众多传统功能的设备，如路由交换、话音承载和网络安全等。

　　OSI 模型将计算机网络体系结构划分为七层，为了保证网络通信，每一层都有对应的功能，而为了实现这些功能，每一层都有专属的网络设备。例如在二层网络中，利用交换机实现交换功能；在三层网络中利用路由器实现网络寻址功能，防火墙针对二层到四层进行防护，诸如此类。

　　这种网络划分，职责明晰，但也具有明显的缺陷。首先，由于网络层级众多，负责各层级的网络设备种类也繁多，因此在部署和管理时十分复杂，同时众多的网络设备占据了大量的空间，连接各设备之间的线路密如蛛网，存在严重的安全隐患。其次，当设备来自不同厂商时（难以保证所有设备来自同一家厂商），不同厂商设备之间的兼容性很有可能存在问题，例如安全产品之间无法进行信息交换，形成许多安全上的孤岛和盲区。此外，由于设备之间存在紧密的依赖关系，每个设备又都有自己的瓶颈，当有设备需要升级或替换时，则牵一发而动全身。因此，我们需要一种全新的、融合型的网络设备，即一台设备在保证性能的前提下可以提供所有网络应用功能，如数据、语音、视频、网络安全等。

边缘计算中心与传统的云计算中心之间最直观的不同点就是其建设规模，云计算中心往往是超大型的，而边缘计算中心由于其所处的物理位置，及其自身特性的约束，决定了其必然是小型甚至是微型的。因此，使用集计算、存储、交换、转发等功能于一身的超融合设备更能实现边缘计算系统设备的小型化、集约化与模块化，支持计算、储存、网络等多厂家板块的即插即用，而且节约空间，让有限的空间具备更强大的计算能力。

3.12　SD-WAN

和前文介绍的 SDN 技术一样，由于边缘计算网络要满足业务对其灵活性的要求，在 ECI 部分可以引入 SD-WAN（Software-Defined Wide Area Network，软件定义广域网）技术。SD-WAN 是将 SDN 技术直接应用在广域网场景中的一种服务，这种服务用于连接广阔地理范围的企业网络，包括企业的分支机构及数据中心，实现对传统广域网的智能管控。

在互联网飞速发展的大背景下，个人客户、企业客户对网络提出了更高的要求。居家办公成了一种新的工作方式，客户对视频会议等实时性应用的需求越来越大，信号数据要在网络的各个节点进行传输，网络的稳定性、响应时间成为用户更加关注的问题。而传统的 MPLS 专线解决方案价格较为昂贵，很难被普通用户接受。为了解决传统 WAN 网络稳定性的问题，以及专线造价昂贵的问题，便在 SDN 架构的基础上提出了能够智能建立广域网连接的 SD-WAN 解决方案。

下面我们分别对 SD-WAN 的物理架构（见图 3-13）和 SD-WAN 的逻辑架构（见图 3-14）进行介绍。

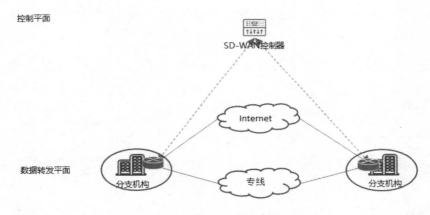

图 3-13　SD-WAN 物理架构

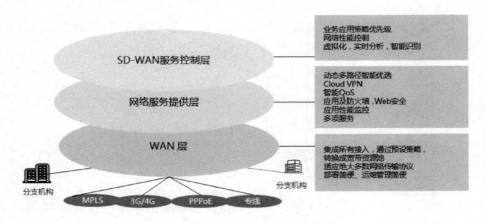

图 3-14　SD-WAN 逻辑架构

SD-WAN 可以提供广域网及应用的可视化视图，为用户提供基于实时网络状态的智能选路功能，保障了路由的可靠性和高效及时性。和 SDN 一样，SD-WAN 同样可以分为控制面和数据面。控制面主要负责对网络设备进行管理，对网络状态进行实时监控与分析，并交换控制信息指导设备对数据包的处理等。数据面主要负责网络承载应用和数据交换。在传统的网络中，数据面与控制面是紧耦合的，它们之间是一一对应的关系，网络是不可编程的。而在 SD-WAN 中，数据面与控制面是解耦的，一个逻辑控制器可以控制多个数据面设备，一个数据面设备也可以被多个逻辑控制器管理，网络是灵活可编程的。

SD-WAN 会实时监测流量的基础网络指标，如延迟、抖动、丢包率，然后利用这些数据，动态地调整网络策略，以响应实时的网络条件，从而保障网络的性能并提高可用性。这样的架构能更加敏捷和灵活地将网络的功能和服务向控制面迁移，加快新应用程序的部署，满足不断变化的业务需求；控制面提供了更加多样化的数据面组件，以及物理资源和设备的管理。

SD-WAN 的逻辑架构如图 3-14 所示，其由三部分组成，说明如下。

- 底层是 WAN 层，具备虚拟化网络功能，可捆绑多种链路（如 MPLS、Internet、4G 等）成为大带宽资源池，热备冗余，通过 SLA 策略设定、智能路由动态可调用最佳资源，也可以连通分支机构、数据中心、云端、个人终端等终端与设备。

- 中间层是网络服务提供层，拥有软件化的各种虚拟网络功能（VNF），如 Cloud VPN、智能 QoS 等。

- 顶层是 SD-WAN 服务控制层，以应用层为本，对应用识别、监控和优化，根据应用状态，即时调整传输策略。

SD-WAN 具有快速灵活、低成本、安全、智能化、虚拟化网络等特点。

在快速灵活性方面，传统的 MPLS-VPN 需要采购专用的设备，等待专业人员上门部署，业务开通周期较长，而 SD-WAN 能快速部署 WAN 服务到远程站点，无须专业人员上门部署，部署 SD-WAN 的企业还可以根据需求添加或删除 WAN 连接，并能够组合蜂窝网络和固定线路连接。

在成本方面，SD-WAN 技术只需使用普通的互联网链路即可，其成本远低于 MPLS 链路。

在安全性方面，SD-WAN 通过多项技术保证数据的安全，例如采用 IPsec 或 TLS/DTLS 对流量进行加密来保护传输中的数据安全。

在智能化方面，SD-WAN 可以根据网络状况及需求进行智能路径控制，将高优先级的流量路由到高可靠性的链路上。

在虚拟化网络方面，SD-WAN 作为网络覆盖使能应用程序流量独立于底层物理层或传输层传输，提供了传输的叠加。多个链接，甚至由来自不同的服务提供者，构成了一个统一的资源池，通常被称为一个虚拟广域网。

软件定义广域网是 SDN 技术到目前为止最为成功的应用，它可以让企业的日常开支大幅降低，且能大幅提升传输效率，灵活部署 WAN 服务。2012 年，国际研究机构 Gartner 将 SDN 相关技术列为未来 5 年内 IT 领域的十大关键技术之一。SD-WAN 分层架构通过智能化、集中化、自动化的手段将网络功能和服务从数据面迁移到更加抽象的可编程控制面，实现数据面和控制面分离，其统一的通信协议简化了控制面和各数据面之间的通信。边缘计算的大规模部署，边缘计算系统与边缘计算系统之间，边缘计算系统与云计算系统之间的通信必不可少，灵活、低成本、安全、智能的 WAN 服务保证了边缘计算为用户提供高质量的服务。ECI 中 SDN-WAN 的应用为用户提供了更加多样化的设备管理功能，让网络具有更好的开放性和灵活性。

3.13　SRv6

各种新兴业务的出现对网络提出了多样化的需求，如要求网络具有海量连接扩展的能力，以及有业务任意接入、任意连接的能力，还要求具有提供差异化服务的能力，也对端到端的可靠性有着强烈的需求，由此业界便提出了 SRv6 技术。

SRv6 是 SR（Segment Routing，分段路由）技术与 IPv6 技术完美结合的一种网络转发技术。SRv6 是面向 SDN 架构设计的协议，因此它具有强大的可编程能力，可以与控制器配合，基于业务需求直接调动网络转发资源，满足不同业务的 SLA 诉求，减少路由协议数量。同时它还能够完全融入 IPv6，在保证中间设备 IPv6 可达的前提下，实现业务的无缝部署。

SR 是一种源路由技术，它只需在源节点给报文增加一系列的段标识，便可指导报文转发。其简化控制协议，具有良好的可扩展性、良好的可编程性以及更可靠的保护。SR 自从诞生的那一刻起便被誉为网络领域最强大的黑科技。而另一方面，由于当前 IPv4 的地址已经耗尽，目前的 IPv4 依靠各种附加技术修修补补才能勉强支撑，虽然暂时缓解了地址资源枯竭的问题，但随着物联网等技术的发展、终端设备数量的暴增，IPv4 终将会成为历史，IPv6 的推进则势在必行。在这两种技术的共同推进之下，SRv6 便诞生了。

SRv6 的独特优势在于采用 IPv6 地址作为其标识（SID），SID 是一个 128bit 的值，每个 SID 就是一条网络指令，它通常由三部分组成，即 Locator、Function、Argu。

其中，Locator 是分配网络节点的一个标识，用于路由和转发数据包；Function 用于表达该指令要执行的转发动作；Argu 是指指令在执行时所需的参数。

此外，SRv6 在 IPv6 报文中新增了 SRH 扩展，替代传统的 MPLS 下的标签转发功能，图 3-15 所示为基于 IPv6 的 SRv6 报文。

图 3-15 中间部分为 SRH。其中，Segment List[0] ～ Segment List[N]相当于计算机程序。第一个要执行的指令是 Segment List[N]， Segment Left 相当于计算机程序的 PC 指针，永远指向当前正在执行的指令，初始化为 N，每执行一个指令，SL 便指向下一条要执行的指令。

Version （版本）	Traffic Class （流量等级）	Flow Label （流标签）	
Payload Length （数据长度）		Next Header=43 （下一个报头）	Hop Limit （跳限制）
Source Address （源地址）			
Destination Address （目的地址）			
Next Header （下一个报头）	Hdr Ext Len （扩展头长度）	Routing Type （路由类型）	Segment Left=2 （段指针）
Last Entry （最后项）	Flags （标志）	Tag （标签）	
Segment List[0](128bits IPv6 address) （段列表）			
Segment List[1](128bits IPv6 address) （段列表）			
Segment List[2](128bits IPv6 address) （段列表）			
Optional TLV objects(variable) （可选TLV对象）			
IPv6 Payload (IPv6 数据)			

图 3-15　基于 IPv6 的 SRv6 报文

如果说 SR-MPLS 简化了控制面（去掉了 LDP/RSVP-TE 等 MPLS 协议），SRv6 则进一步简化了数据面（去掉了 MPLS 转发）；SRv6 无须升级中间节点，只需要支持 IPv6 转发即可部署，这极大地降低了初期迁移的复杂度；SID 本身就是路由前缀，且前缀可聚合，可以有效地降低设备路由表的压力和规格要求，也使其更容易维护，加上路由扩散方便，易于组成一个大的网络。

图 3-16 所示为某运营商基于 SRv6 的云游戏承载方案。

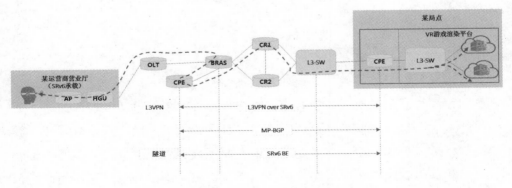

图 3-16　某运营商基于 SRv6 的云游戏承载方案

游戏行业应用边缘计算对网络的需求主要集中在低时延、大带宽、移动性接入上。某运营商建立了 CloudVR 云游戏体验中心，为了能够实现体验中心的业务快速开通，以及保证高品质体验效果，该运营商联合某厂商推出了 CloudVR 云游戏承载方案：使用 SRv6 快速打通营业厅上联 BRAS 设备的旁挂 CPE 设备与同城 VR 游戏渲染平台 CPE 之间的隧道，CloudVR 云游戏业务使用 L3VPN 专线承载于该隧道之上，进而实现业务的快速开通。随着项目后续的持续推进，在业务质量监控等方面会进一步增强，充分保障 Cloud VR 业务的极致体验。

SRv6 的标准化工作主要集中在 IETF SPRING（Source Packet Routing in Networking）工作组，目前主流设备厂商生产的测试仪和商用芯片均已支持 SRv6。当前，SRv6 在产业、标准、商用部署等方面均取得了较大进展。边缘计算网络中 SRv6 的应用能够为客户带来业务快速开通、协议栈简化、系统集成复杂度降低等诸多好处。

3.14　EVPN

EVPN 是一种针对 VPLS 的缺陷（如无法支持 MP2MP、无法支持多链路全活转发等）而提出的二层 VPN 技术。它是一个基于 BGP 的 L2VPN，通过扩展 BGP 协议，使用扩展后的可达性信息，可以让不同站点的二层网络间的 MAC 地址学习和发布过程从数据面转移到控制面。

现代数据中心互联在可扩展性、带宽利用率、运维方面对网络提出了更高的要求。其中可扩展性主要指在互联站点数、扩展 VLAN 数和 MAC 地址容量方面能扩展到一定的规模。比如能支持数百个以上站点互联、成千上万个 VLAN 扩展、上百万个 MAC 地址，以满足大规模和超大规模数据中心和海量虚拟机迁移的需要。在带宽利用率方面，数据中心互联设备的冗余部署会导致数据中心间存在多条连接路径，需要将流量均衡地分布在所有的可用链路上，以提高广域网带宽资源利用率，节省带宽租用成本。在运维方面，数据中心互联方案通常涉及网络侧的协议部署，传统的部署方式需要在网络侧实现站点全连接配置，导致新增或删除互联站点时已有站点的配置也会受影响。为简化运维，互联方案需要实现 Single-Sided 部署，即新增或删除站点时已有站点的配置不受影响，从而降低运维管理的难度。

与现代数据中心互联需求相对应的是，传统 L2VPN 技术正在向 EVPN 演进（见图 3-17），其具有如下特点：

（1）没有控制面，需要通过全网泛洪学习 L2 转发表项，扩展性差；

（2）CE 双归保护，流量只能归属于一个 PE，且只支持 Single-Active 模式，导致带宽资源被浪费；

（3）一旦 MAC 地址变化或出现故障需要切换，需要重新泛洪学习 L2 转发表项，导致切换速度较慢；

（4）对 PE 设备的规格要求高，需要大量的人工进行配置，网络部署较难。因此，提出了 EVPN 解决方案。

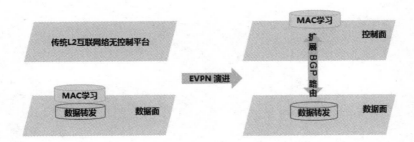

图 3-17　传统 L2VPN 技术向 EVPN 演进

从图 3-18 中可以看出，EVPN 使用 BGP 协议作为控制面协议，使用 MPLS、PBB、VXLAN 作为数据面数据封装，EVPN 的实现参考了 BGP/MPLS L3VPN 的架构。

EVPN 根据 PE 与 CE 的连接形式，分为 CE 多归属和 CE 单归属两类，图 3-19 中 CE1、CE2、CE4 为单归属组网类型，CE3 为多归属组网类型，多归属组网类型可以支持负载分担功能。EVPN 为 PE-CE 连接定义了唯一的标识 ESI，不同 CE 连接同一个 PE 的 ESI 是不同的，相同 CE 连接不同的 PE，

ESI 是相同的，因此当 PE 之间进行路由传播时，ESI 可以使 PE 之间感知其他 PE 是否连接了同一个 CE 设备。

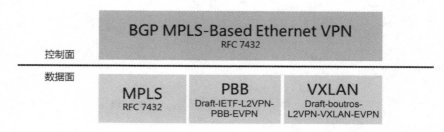

图 3-18 EVPN 控制面与数据面关系示意图

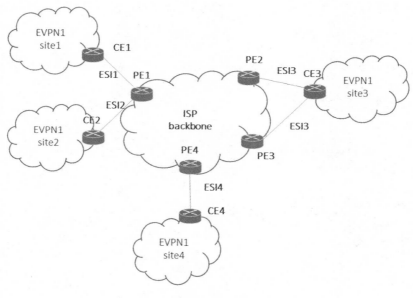

图 3-19 EVPN 组网示意图

为了在不同站点之间相互学习对方的 MAC 信息，EVPN 在 BGP 的基础上定义了一种新的 NLRI（Network Layer Reachability Information，网络层可达信息）。这其中又定义了 4 种 EVPN 路由类型，提供了灵活的控制面，实现同一网段能够跨三层网络的目的，这 4 种路由类型包括：以太自动发现路由（Ethernet Auto-Discovery route），用来告知 PE 对连接的站点是否可达；MAC 地址通告路由（MAC Advertisement Route），用于从本端 PE 向其他 PE

发布单播 MAC 地址的可达信息；集成多播路由（Inclusive Multicast Route），用来告知 PE 设备之间通过集成多播路由可以建立传送流量的隧道；以太网段路由（Ethernet Segment Route），用来实现连接到相同 CE 的 PE 设备之间互相自动发现。

EVPN 通过支持 VLAN&VPN，同时支持 L2 和 L3 的业务，继承了 L3VPN 的管理、扩展能力。其归属多宿主，实现 PE 间的负载分担；L3 快速倒换收敛，对广播、未知单播和组播流量能实现持续优化功能；在数据面，继承 IP VPN 的自动发现能力，简化了部署和管理；在控制面，单独学习转发信息，避免了 L2 泛洪，且 PE 支持 ARP 代理。

EVPN 是下一代 Ethernet L2VPN 解决方案，实现了控制面和转发面的分离操作。其引入了 BGP 协议承载 MAC 可达信息，从控制面去学习远端 MAC 地址，从而将 IP VPN 的技术优势引入到以太网中。

随着边缘计算的发展，边缘计算系统会越来越多，系统间的协作通信变得越来越频繁，对边缘计算互联网络的可扩展性、带宽利用率和运维都提出了巨大挑战，而 EVPN 技术正是为了解决此类问题诞生的，在 ECI 中使用 EVPN 技术，可以提高边缘计算互联网络的可扩展性、带宽利用率以及降低运维管理难度，达到降低边缘计算系统管理成本，灵活扩充边缘计算系统业务的目的。

3.15　本章小结

边缘计算对网络有多接入、大带宽、低时延等众多需求，针对 ECA、ECN、ECI 的特点，应用匹配的关键技术，可以大大提升网络的性能，满足边缘计算各种应用场景下的业务需求。

第 4 章

5G 边缘计算网络的体系架构和
设计原则

    5G 应用正在深入各行各业，"5G+边缘计算+AI"是 5G 在网络边缘更好地使能各行各业的关键，也是运营商助力垂直行业数字化和智能化的新模式，是运营商进入垂直行业的触点和重点场景，还是 5G 应用成功的一个重要标志。5G 边缘计算将云计算和 5G 核心网带到了网络边缘，带来了新的流量模型和部署模型，给运营商 IP 网络带来了四大新的挑战。当前，运营商需要建设一个"5G 边缘计算 Ready"的网络，这就要提前做好 5G 边缘计算网络的规划设计，并重点关注和落实六大网络规划关键点。

4.1 "5G+边缘计算"的新网络和新优势

边缘计算使能运营商在网络边缘分流业务，通过端到端的整体方案为客户提供更低时延、更大带宽、更低成本的业务体验，能快速响应用户请求并提升服务质量。边缘计算让运营商更加贴近用户并提供高质量的服务，甚至深入到企业园区里，进一步促进运营商通信网络和企业业务的深度融合，提升网络的价值。

5G 为边缘计算产业的落地和发展提供了良好的网络基础，主要体现在以下三个新功能特性方面：5G 对三大场景的支持、5G 核心网用户面功能的灵活部署以及 5G 网络能力的开放。

1. 5G 对三大场景的支持

5G 三大典型场景都与边缘计算密切相关。URLLC 超高可靠低时延、eMBB（特别是超级上行技术）增强移动带宽，以及 mMTC 海量机器类通信，可以分别支持不同需求的边缘计算场景。例如，时延要求极高的工业控制需要超低时延的新 5G 通信，带宽要求较高的 AR/VR 视频和直播是 eMMB 边缘计算场景，海量连接需求高的 IoT 设备接入需要 mMTC 新 5G 功能支持。此外，为了保证移动业务的连续性通信要求，5G 网络引入了会话连续性模式来保证用户的体验，满足如车联网等业务的需求。

2. 5G 核心网用户面功能的灵活部署

5G 核心网用户面 UPF 的下沉和灵活部署实现了数据流量的本地卸载与分流的目的。这样，边缘计算系统就可以被灵活部署在不同的网络位置来满足对时延、带宽有不同需求的边缘计算业务。5G 核心网采用控制面 SMF 和用户面 UPF 分离的 CUPS 架构，即 5G 控制面集中部署，一个控制面 SMF 可以同时管理很多个 UPF 而不影响 5G 核心网的性能。5G 用户面分散部署，UPF 可以按需灵活分别部署，部署到网络边缘支持相应场景的边缘计算业务。

另外，不同于 4G 核心网，5G 核心网的用户面 UPF 可以分层部署，UPF 节点具备基于流的分层路由能力；在用户面 UPF 可以按需动态地插入 UL CL

（上行链路分类器）进行业务分流处理，业务流量被本地分流或被导送到锚点 UPF 中，UE 并不感知业务分流。部署在边缘的 UPF 可以是一个轻型和专业的 UPF。

如图 4-1 所示，CUPS 和 UPF 分层架构为 5G 支持边缘计算带来了灵活性和强大的通信能力，UE 的不同业务，可以引导到本地 UPF（比如企业应用）中，或直接引导到锚点 UPF（普通的上网业务）中，中间可以动态插入 UL CL 进行按需动态分流。因此，布置在企业园区里的基站，是可以同时支持本地企业应用和个人普通上网应用的。

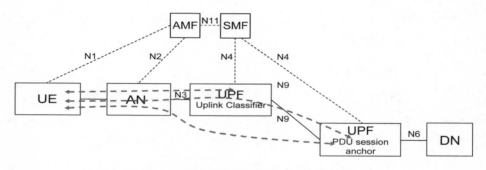

图 4-1　5G 核心网架构：CUPS 和层次化 UPF

3．5G 网络能力的开放

5G 支持将网络能力开放给边缘计算应用。无线网络信息服务、位置服务、QoS 服务等网络能力，可以封装成边缘计算 PaaS 平台的 API，开放给边缘计算的相应应用，进而加强边缘计算的能力。

5G 与边缘计算结合，是运营商使能边缘计算的新的核心竞争力和最大的独特优势。同时，边缘计算也成为 5G 服务垂直行业，充分发挥 5G 网络特性的重要利器之一。

具体而言，5G 的上述新架构的功能特性结合边缘计算，给运营商使能企业数字化和智能化应用带来了以下新优势。

（1）5G 核心网 UPF 下移到企业园区（现场边缘计算场景，一般是面向大型企业的），可以保证关键业务数据不流出园区，更容易提供低延迟承载方案；

运营商可以为每个用户配置单独的 UPF，即给企业用户提供 5G 定制服务，如图 4-2 所示。

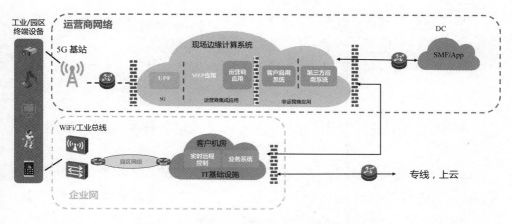

图 4-2　现场边缘计算：5G 应用的新场景

（2）运营商以 API 模式开放的 5G 通信服务可编程能力（如定位、无线通信能力、带宽管理等），可以集成到企业生产业务系统中，企业可以定制自己的 5G 创新应用。

（3）下沉的 5G 边缘计算系统和企业网直接互联互通，使分布在企业和运营商两个网络系统上的业务系统可以实时地集成接通，加上 5G 新的面向行业应用的通信功能（低延迟 URLLC、物联网 mMTC、无线超级上行和业务连续性等），各行业在此基础上可以做出很多创新应用。

5G 边缘计算给运营商进入垂直行业带来了新的业务场景和商业模式。运营商一般是用代建、代维方式，将 5G 边缘计算部署到企业园区，提供边缘云计算服务，包括 IaaS、PaaS（即 MEP 平台），以及 SaaS（结合运营商的云计算服务）等更多的增值服务，收益从管道转向软件和服务。这样，运营商能深入垂直行业的 ICT 系统及应用领域，更好地为企业数字化、网络化和智能化提供全套的 ICT 服务和云计算应用，提供的业务比传统的企业专线业务更深入和全面，也增加了客户黏性。这就是为什么运营商都在积极拓展 5G 边缘计算企业业务的原因，可以这样说：得 5G 边缘计算服务者即可得企业客户。

4.2 5G 边缘计算对网络的四大新挑战

5G 边缘计算将云计算和 5G 核心网带到了网络边缘，带来了新的流量模型和部署模型，5G 边缘计算网络不是 4G 移动承载网的简单升级，而是 4G 网络的全新演绎，运营商 IP 网络面临来自 5G 边缘计算的四大新挑战。

4.2.1 5G 边缘计算网络不是 4G 移动承载网的简单升级

4G 核心网是集中部署模式，一般是一个省（或大区）部署一张 4G 核心网，所以 4G 移动承载网的流量模型是南北向为主，运营商也倾向于采用比较简单的接入网设计，如有运营商采用 L2（VPN）+L3（VPN）组网模式，即接入网采用相对简单的 L2VPN 网络。

5G 核心网是 CUPS 架构，控制面被集中部署，一般是一个省或一个大区部署一张网。而 UPF 是分布式部署的，一般一个城市或一个大区会部署一个锚点 UPF（Anchor UPF）和很多边缘计算 UPF。5G 边缘计算系统可以部署在运营商的边缘机房或企业园区的企业机房中（见图 4-3）。5G UPF 在移动承载网上的分布式部署，改变了 4G 时代承载网的数据模型和承载方式，即流量从 4G 时代的集中式南北向模型，转变为 5G 时代的分布式多向模型。

在 4G 时代，4G 核心网网元间流量是在 IP 骨干网上，而不是在移动承载网上承载的；在 5G 时代，5G 核心网网元间流量随着 UPF 下移，移动承载网也需要承载 5G 核心网网元间流量。而且，5G 边缘计算经常下沉到接入层（如现场边缘计算），增加了对 5G 移动承载接入网的功能要求，具体的 UPF 业务流需求分析见后面内容。5G 边缘计算网络需要一个功能更强大、支持企业业务的网络架构和方案，不是 4G 现有移动承载网架构通过简单带宽升级能达到的。

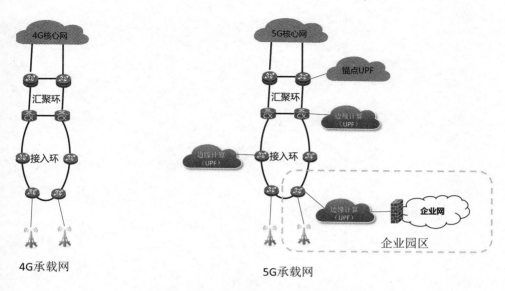

图 4-3　4G 承载网集中式部署和 5G 承载网分布式部署

4.2.2　5G 边缘计算网络的四大新挑战

5G 边缘计算带来了新的应用场景和通信需求。5G 时代，运营商边缘计算网络主要面临以下四大新挑战。

1．现场边缘计算新场景

现场边缘计算（部署在企业园区）是 5G 边缘计算带来的一个新的应用场景，如图 4-4 所示。5G 边缘计算系统位于企业园区机房里面，一般由运营商代为建设和代为维护。企业借助 5G 边缘计算系统进行生产控制、远程监控、物流管理和智慧安防等生产活动。很多生产业务对延迟时间有严格要求，如远程塔吊控制信息流的端到端延迟要小于 18ms，即生产设备（塔吊等）通过无线基站、IP RAN 网络、5G 边缘计算系统到企业应用系统（远程控制）的端到端通信要保证低时延。对运营商网络的要求是，企业园区内的 5G 基站和 5G 边缘计算系统之间的网络，以及 5G 边缘计算系统到企业网的连接都要保证低时延。

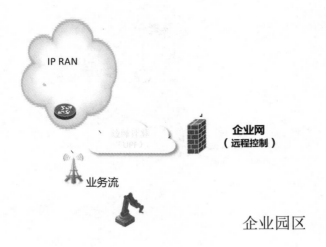

图 4-4   大型企业的现场边缘计算

　　另外，由于数据安全原因，企业重要的业务数据要求不能出园区，在边缘计算项目试点中，绝大多数企业都对运营商提出了这个要求。

　　现场边缘计算场景对运营商的接入网提出了新的挑战，需要接入网提供低延迟 SLA 和数据不出园区这两项保证。

2．5G 核心网下移

　　UPF 随边缘计算下移，带动 UPF 相关业务端口下移（如 N4、N6、N9、5GC OAM 等接口）到 5G 移动承载网。边缘计算系统中的 UPF 特点主要有以下几点。

- 通过 N4 控制接口从 5GC 的 SMF 接收控制信息。

- 通过 OAM 接口接收管理信息。

- N9 是 UPF 和 UPF 间的数据接口，可以是边缘计算 UPF 到锚点 UPF 的数据接口，也可以是边缘计算 UPF 间的数据接口。

- N6 是 UPF 的 Internet 数据出口，到企业网或边缘计算系统内应用的数据都是从 N6 出来的，无线核心网到 Internet 的数据一般都是汇聚到一个统一出口，经过防火墙后传输到 Internet 端口。

- 边缘计算系统间业务数据流，可以通过 N6 或 N9 接口互通。通过 N6

接口意味着和对方边缘计算系统的应用层互通；通过 N9 接口意味着和对方边缘计算系统的 UPF 互通。

4G 核心网集中部署在省骨干网以上，4G 核心网网元间接口是通过骨干网提供 VPN 来互通的，和 4G 移动承载网（IP RAN）没有关系。5G UPF 业务接口对外可靠通信是 5G 边缘计算对移动承载网（IP RAN）的新要求。有些运营商采用 5GC 控制面集中到大区域的部署方案，这会导致一些业务接口（如 N4 和 5GC OAM 接口）通信需要跨越 IP RAN 和 IP 骨干网两个网段。

UPF 的大量分布式部署，以及 UPF 业务接口互通关系的复杂性，增加了 5G 移动承载网的业务流量模型的复杂度和多点通信的网络覆盖范围（基本上是全网范围覆盖）。在 4G 时代，L2+L3 网络设计的初衷是在汇聚层以上提供多点通信能力，这种网络架构不能满足 5G 边缘计算的通信需求。同时，一些业务接口有传输延迟的要求，如 N6、N9 这样的数据接口，这需要 5G 边缘计算承载网提供 SLA 保证。

5G 核心网下移使无线核心网承载从骨干网延伸到 IP RAN 上，一直到 IP RAN 的接入网，对运营商 5G 边缘计算网络提出了支持复杂的多点通信和 SLA 保证的新挑战，如图 4-5 所示。

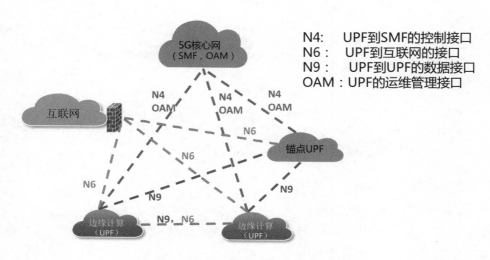

图 4-5　5G 边缘计算的核心网网元间接口

3．云边协同通信

5G 边缘计算系统包括下沉的 5G 核心网网元 UPF，和（云）边缘计算应用。5G 边缘计算系统的 UPF 需要与中心云里 5G 核心网的控制面及管理应用系统通信，如前面所述。部署在 5G 边缘计算中的应用，有的是中心云计算（运营商中心云、OTT 中心云等）的一部分，有的需要和企业应用系统（云）或其他边缘计算应用系统（云）协作，搭建一个完整的业务应用（见图 4-6）。这些通信连接有些按需实时建立，有些有 SLA 保证要求。

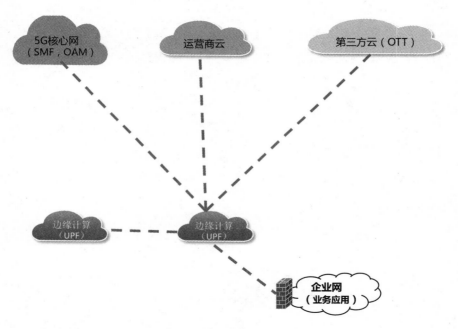

图 4-6　5G 边缘计算应用的边云协同和边边协同

这些通信需求是 5G 边缘计算下移带来的新需求，这对运营商网络提出了支持边云协同和边边协同通信的新挑战。

4．边缘计算的无缝 FMC 业务

边缘计算系统连接的设备和应用系统接入方式是多种多样的，可以是 5G 接入，也可以是固网接入（包括 xPON、专线、WiFi 等），通信目标是连接所有相关应用部件，共同提供一个完整的边缘计算应用，即提供无缝连接的

FMC（固移融合）业务应用（见图 4-7）。

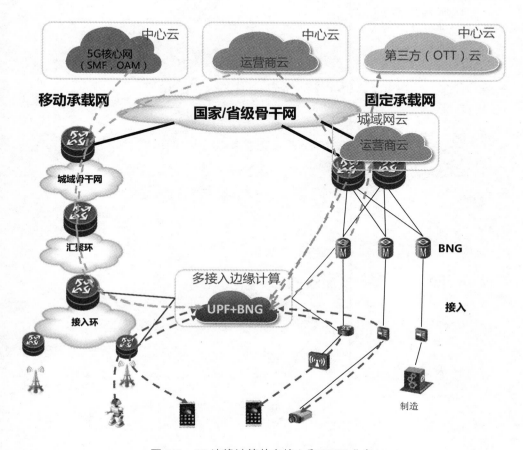

图 4-7　5G 边缘计算的多接入和 FMC 业务

这样，5G 边缘计算的接入网就可能包括移动承载网和固定承载网，需要连接两个城域网网络平面。同时，5G 边缘计算系统和中心云（5GC、运营商云、第三方云）及相关业务云（可能部署在固网 MAN 上）间的通信，有些通过移动承载网、有些通过固定承载网。5G 边缘计算网络不局限于移动承载网，网络连接可能涉及移动承载和固网承载两个城域网平面，以及 IP 骨干网。

5G 边缘计算对网络 FMC 通信提出了新挑战，特别对于拥有移动承载城域网和固定承载城域网双平面的运营商，在网络架构和网络互通方面都提出了新的挑战。目前，中国三大运营商（中国移动、中国联通和中国电信）都有两个城域网平面。

4.3 5G 边缘计算网络规划的六大关键

对于 5G 边缘计算带来的新需求和新挑战，如果仍旧采用现有 4G 移动承载网的数据传输模型和设计方案，已不符合当前的实际需求。5G 时代，运营商要建设"5G 边缘计算 Ready"网络，需要在网络规划设计时重点关注和落实以下六大关键要素。

4.3.1 ECA：最短路径

运营商应该为从基站到边缘计算 UPF 的 N3 业务流提供最短的传输路径，特别是在现场边缘计算场景中，N3 业务流应该通过在园区里的移动承载网路由器直接把业务流转发给边缘计算 UPF，而不应该让 N3 业务流在运营商的网络中绕行。

N3 业务流无绕行最短传输的要求，一方面是为了低延迟和节约运营商网络带宽，符合边缘计算下移的初衷；另一方面是为了保证企业关键业务数据不出园区。

在图 4-8 中，接入路由器可以直接做 IP（L3）转发，从基站来的 N3 数据流可以就近转发给边缘计算系统，从而使业务流经过的网元最少，达到数据不出园区的目的。

在图 4-9 中，接入路由器需要将基站来的 N3 业务流转发到汇聚路由器后，再进行 IP 转发才能传给边缘计算系统，业务流在网络上绕行而且出了企业园区，这不符合客户要求。

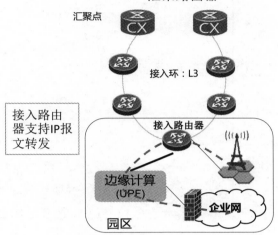

图 4-8　L3 到边缘，ECA 路径最短

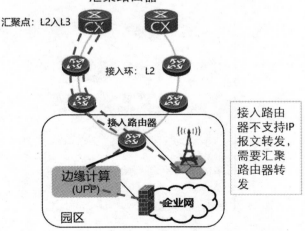

图 4-9　L2 到边缘，ECA 路径绕行

实现 ECA 最短路径的关键点是网络功能架构的设计，IP 转发能力跟随边缘计算下移到边缘（即 L3 到边缘），接入点路由器能就近 L3 转发数据报文。4G 移动承载网使用的 L2 接入环设计方案，已经不符合 5G 边缘计算网络的要求。

4.3.2 ECA 和 ECI：低延迟切片

为满足边缘计算应用的低延迟和高安全可靠性需求，一些企业业务需要运营商网络提供低延迟切片网络服务。

- ECA 切片：切片系统包括无线基站、移动承载网（基站到 EC 间接入环）和 UPF 系统，即企业业务流到边缘计算所经过的所有网元，这里面涉及 5G 无线网、IP 网络和 5G 核心网（见图 4-10）。

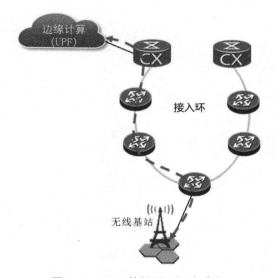

图 4-10　ECA 的低延迟切片系统

- ECI 切片：边缘计算系统和企业网（业务应用）、云计算和其他边缘计算系统间，由于业务需要保证 SLA 和安全可靠，需要切片网络互联，这有可能跨多个网段（见图 4-11）。

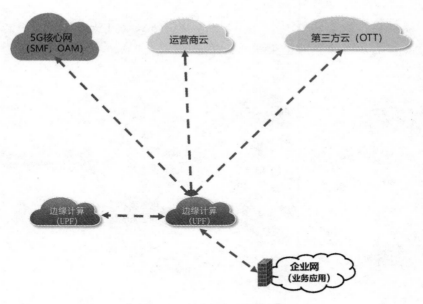

图 4-11　ECI 的低延迟切片系统

　　低延迟网络切片网络设计的一个要点是切片网络规模尽可能小，特别是对低延迟要求高的 ECA，包含的网元越少，切片网络的复杂度就越低，越有利于保证传输的低延迟，这个网络设计要求和上一节的 ECA 最短路径要求是一致的。ECI 网络的连接复杂性和跨多网段使用会让切片网络变得更复杂。ECA 切片和 ECI 切片可以采用不同的切片解决方案。

4.3.3　ECI：灵活多点通信

　　ECI 网络需要支持 5G 边缘计算系统和 5G 核心网（SMF、OAM）、其他边缘计算系统（N6、N9）、互联网出口（N6）、锚点 UPF（N9）、运营商云、企业网、第三方云（OTT）等进行业务通信，如图 4-12 所示。

　　ECI 的业务流模型较为复杂，整体呈现出多点到多点的通信模型；同时，ECI 是一个以边缘计算系统为视角的逻辑网络概念，映射到物理网络上，可能会跨越城域网和骨干网等多个网段；各边缘计算系统的 ECI 会因为边缘计算位置和边缘计算里面的应用不同而包括不同方向的网络连接。为了支持应用在边缘计算里面的动态部署，边缘计算网络需要能尽快地提供 ECI 网络连接，比如按需实时建立某个第三方云的 VPN 通道。

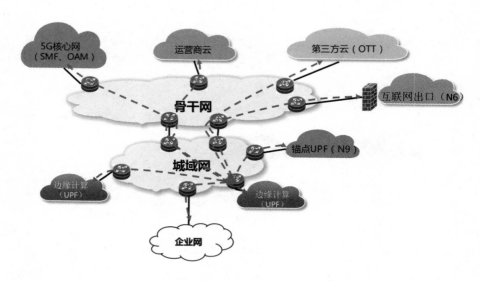

图 4-12　ECI 的多点通信网络

ECI 网络设计建议以 L3VPN 为主、L3+L2VPN 按需组合的模式。由于边缘计算的分布式灵活部署，5G 边缘计算网络需要规划全网提供 L3 VPN 能力，包括接入网络在内，即 L3VPN 能力延伸到边缘，而且 VPN 需要跨越城域网和骨干网等多个网段。为了能快速支持边缘计算业务的部署，规划一个统一管理的逻辑 ECI 网络（Overlay 网络），是一个比较好的选择，这样也便于网络切片在 ECI 上的部署。

ECI 中 EVPN 的引入能够满足边缘计算系统的可扩展性、可靠性、简化运维等需求，达到降低边缘计算系统管理成本，灵活扩充边缘计算系统业务的目的。ECI 中 SRv6 的应用能为用户带来业务快速开通、跨网段快速建立 VPN 连接、协议栈简化、系统集成复杂度降低等诸多好处。

由于 ECI 的复杂性，ECI 网络的设计是运营商 5G 边缘计算网络规划的最关键部分，各运营商的 ECI 会因为各自网络架构的不同而有所不同。

4.3.4　ECN：集成网络架构

　　小微型边缘计算系统是当前 5G 边缘计算的主流模式，因为建设成本低和需要的服务器规模小，不会采用大型 DC 复杂的多层网络架构（即网络分为 CE/DC-GW/Spine/Leaf 多层）。ECN 多为一层集成网络模型，如图 4-13 所示，但 ECN 仍要提供 DC 多层网络架构的大部分通信功能。

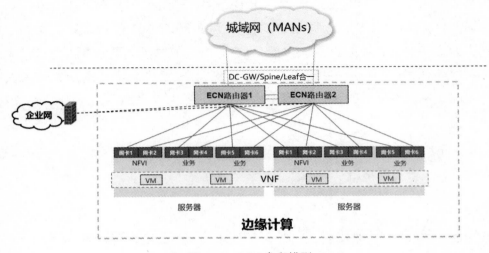

图 4-13　ECN 参考模型

　　ECN 功能可以分为 LAN 侧（内部互联）功能和 WAN 侧（外部互联）功能两个部分。

　　ECN 的 LAN 侧主要作用是完成内部服务器（转发型、计算型和存储型服务器）及相关设备的互联互通，需要完成服务器中 VM 间的 L2 和 L3 可靠连接。 一个 UPF NFV 实例可以同时运行多个 VM 来提高性能和可靠性，ECN 路由器要提供针对 UPF VM 的等价多路径(ECMP)负载均衡通信能力，即将 UPF 业务均匀地分配到各 UPF VM 上，在某个 UPF VM 出现故障时，能重新均匀分配 UPF 业务。

　　UPF 是路由型 VNF，被称为电信云业务（区别于 IT 云中的 VM 都是主机型）；路由型 VNF 需要和 ECN、承载网络交换用户 IP 路由信息。因此，

ECN 内部 IP 路由包括 UPF 移动用户路由和 VM 路由两个部分。ECN 内部 IP 路由数量是由终端用户数和 VM 数量决定的，如果路由数量大，对 ECN 网络设备的路由能力要求就高。

ECN 的 WAN 侧功能和 ECI 的组网模式相关，完成边缘计算系统和外部 IP 网络（IP RAN）的路由互通和可靠通信，以及边云协同通信。

ECN 的设计要点是提供高性价比的集成网络方案，一般是采用一层路由器来做边缘计算网关，集成 CE/DC-GW/Spine/Leaf 功能，同时满足 ECN 的 LAN 侧和 WAN 侧功能需求。各运营商的 ECI 设计不同，比如有的运营商设计 ECN 路由器承担部分业务 PE 的功能，用来降低边缘计算业务对外部 IP 网络（IP RAN）的影响，增加 ECI 网络连接建立的灵活性（如从 ECN 起 SRv6 跨越多网段上中心云），而这又增加了对 ECN 网关的功能需求。

对于比较大的边缘计算系统，可以通过在 ECN 路由器下增加一层 Leaf 交换机，来增加网络端口，从而连接更多的服务器。

4.3.5　运营商网和企业网：边缘计算安全和互通

5G 边缘计算系统对运营商和企业来讲都不是安全域，所以很可能会带来新的网络安全隐患，此时需要运营商边缘系统和企业网安全互通，如图 4-14 所示。从运营商角度来看，5G 边缘计算里面有非运营商的应用和网络连接，如边缘计算系统直接和企业网互通，不是电信安全域；同时，边缘计算改变了原来移动承载网 IP RAN 业务承载的封闭性。从企业角度来看，业务数据和业务应用经过外网和外部 IT 系统，即经过了企业非安全区域，并且企业网增加了和运营商网络的互联节点，如 5G MEC 经常是连接在企业网内部，而不是连接在企业网出口处。

现在边缘计算项目都采用以防火墙为主的网络安全方案，运营商和企业在双方网络连接的通道上分别部署防火墙，以保证网络的安全。

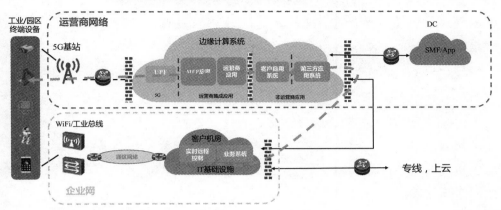

图 4-14　运营商边缘计算系统和企业网安全互通示意图

　　由于 5G 边缘计算里可能会有非运营商的应用,因此在边缘计算系统中,一般会用防火墙划分不同的安全域做网络隔离,比如 UPF、运营商边缘计算应用、第三方应用会被分别划到不同安全等级的安全域中,重点是要保护好运营商的电信系统和网元。由于 5G 边缘计算数量比较多而且地理位置比较分散,因此运营商需要规划一个基于防火墙的整体网络安全方案,来进行网络安全部署和用于安全策略管理。

　　企业除用防火墙来进行安全防护外,也可以采用信息安全加密等方案来保护关键业务流的安全,即采用端到端的信息加密,这样经过运营商网络和边缘计算的都是加密后的业务流。但加密和穿越防火墙带来的延迟,是低延迟应用需要考虑的问题。

　　边缘计算系统安全互通是企业和运营商都非常关注的问题。

4.3.6　网络支持云边协同

　　5G 边缘计算网络需要支持 5G UPF 的自动部署和支持在线扩容、缩容。比如 UPF NFV 可以增加 VM 数量来提高性能,边缘计算网络支持动态接受业务需求,自动下发网络配置,保证 UPF 的快速在线扩容,即网络支持云边协同。在 MEP 平台上部署的边缘计算应用，如果和中心云相关，也需要边云协同通信。按业务要求快速打通云边间 VPN 通道是支持云边协同的基本通信需求。

5G 边缘计算网络支持云边协同，可以通过设计统一的 SDN 控制器来支持电信云和中心云计算的边云协同自动化部署。图 4-15 所示的参考模型，由一个边缘计算 SDN 控制器来统一控制边缘计算网络设备，和 5G 核心网、运营商云以及第三方应用的管理编排系统对接，并接受动态业务的需求，统一配置相关的网络设备，支持云边业务的自动部署和运维，云边之间 VPN 通道的动态建立等。

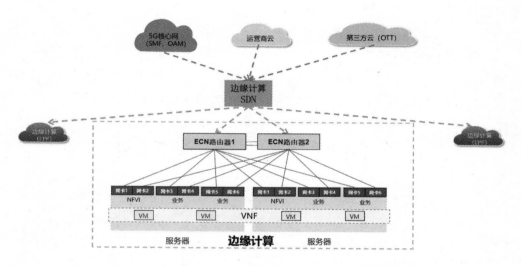

图 4-15　网络支持业务自动部署和云边协同的参考模型

4.4　5G 边缘计算网络规划建议和架构模型

通过对 5G 边缘计算网络的四大新挑战和网络规划六大关键点的深入分析研究，结合当前运营商的边缘计算项目实践，本书提出了 5G 边缘计算网络规划建议和架构模型，供运营商网络设计时参考。

4.4.1　5G 边缘计算网络设计原则与建议

建议运营商在规划设计"5G 边缘计算 Ready"网络时，参考以下五条网络规划建议。

（1）建议采用 ECA、ECN 和 ECI 模型分段设计网络，ECA 和 ECI 可以部署在不同的物理网络上（如两个运营商共享共建 5G 承载网时，ECA 可以用合作运营商的网络）。

（2）边缘计算系统和外网隔离，在边缘计算系统内部的业务发生变化（如部署新的 UPF）和网络连接发生变化（如增加服务器）时，尽量少或完全不影响外部的承载网，以便边缘计算系统和外网隔离。

（3）网络规划方案要和运营商内部网络运维团队的界面分工相匹配，进而减少不同运维团队间的工作交叉。例如，如果 ECN 和 IP RAN 的运维分属两个数通团队，网络功能设计就要尽量保持两个团队的专业运维界面清晰而稳定。

（4）网络设计要满足 5G 边缘计算系统按需建设的增量模式，即增量部署 5G 边缘计算系统，尽量减少对现有网络的影响。

（5）建议 ECI 按逻辑网络来构建，统一控制与管理，在横跨多个网络时也能保证快速建立网络连接和保证 SLA 操作，支持 5G 边缘计算业务的迅速部署。

4.4.2　5G 边缘计算网络架构模型

由于各运营商的网络架构存在比较大的差异，本书提供了一个边缘计算视角的网络架构参考模型（见图 4-16）。

- ECA：5G 边缘计算的 ECA 是 5G 基站到边缘计算系统之间的这段网络，主要是和 5G 移动承载网的 N3 VPN 对接。边缘计算系统 B（属于运营商 B）的 ECA 可以采用其他运营商的网络，如用运营商 A 的 5G 移动承载网，即和运营商 A 的 N3 VPN 对接，并且由运营商 A 来保证 ECA 的 SLA。

- ECN：ECN 和 ECA 对接，把 5G 流量引导到 UPF；ECN 和 ECI 对接，把 UPF 各业务接口（N4、N6、N9、OAM）和各业务流（MEP、运营商云和第三方云）引导到 ECI 的相应 VPN 中。ECN 路由器在 ECI 里面的角色分工，对 ECI 的组网有比较大的影响，各运营商的网络设计会有所不同。为了减少边缘计算内部设备和网络连接变化对外接网络的影响，边缘计算系统采用独立 AS 是一个比较好的选择。

- ECI：ECI 是一个比较复杂的逻辑网络，通过跨域的 VPN 来构建边云和边边的 VPN 逻辑网络。ECI 上的业务流主要有两类：一类是 5G 核心网接口和 MEP 平台，这些连接关系比较稳定；另外一类是云应用，可能需要用 VPN 和运营商云、OTT 及企业网互联，连接关系和具体应用有关，并且有相应的动态变更要求。建议运营商用自己的网络构建 ECI，即 ECN 和 ECI 最好属于同一个运营商，以保证业务的迅速部署和 SLA。

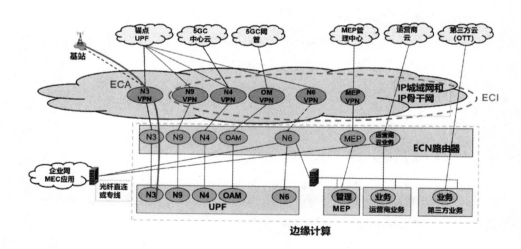

图 4-16　边缘计算视角的运营商网络架构参考模型

4.5　本章小结

5G 移动通信系统在三大场景的支持、核心网用户面功能的灵活部署，以及网络能力开放等方面有了突破和创新。"5G+边缘计算+AI"成为运营商助力垂直行业数字化和智能化的新模式，也是 5G 应用成功的一个重要标志。

5G 时代，运营商网络的边缘计算挑战主要是源于云计算应用和 5G 核心网数据面的下移，给业务模型和网络功能带来新需求，具体表现如图 4-17 所示。4G 移动承载网的设计原则和网络架构，已经不能满足 5G 边缘计算网络的需求，5G 边缘计算网络建设不是 4G 网络带宽的简单升级。

5G边缘计算网络的四大挑战

现场边缘计算新场景
覆盖企业园区的基站和企业园区里的5G边缘计算需要有低延迟的直接连接，企业重要业务数据不出园区

云边协同
UPF需要和中心云中的5GC控制面和管理系统通信，边缘计算MEP平台中的应用可能是云应用的一部分

5G核心网下移
UPF下移需要无线核心网端口下移（如N4，N6，N9，5GC OAM等接口）下移，从骨干网下移到接入网

无缝FMC业务
提供多接入，跨越无线网络和固网的连接；提供跨越移动承载网和固定承载网的网络连接

图 4-17　5G 边缘计算对运营商网络的四大挑战

如何建设一个"5G 边缘计算 Ready"的网络，是运营商网络规划必须回答的问题。本书提出了 5G 边缘计算网络规划需要关注的六大关键要素（见图 4-18），以及网络规划建议和网络架构模型，供运营商在网络建设实践中参考。

5G 边缘计算承载网涉及网络范围比较广，不局限于传统的移动承载网，业务流可能跨越城域网和骨干网多个网段，而且部署模式是按需增量部署模式，因此运营商需要提前研究和制定 5G 边缘计算网络的整体规划和部署策略，以更好的姿态迎接 5G 边缘计算智能时代的到来。

5G边缘计算网络规划的六大关键要素

ECA：最短路径

业务流无绕行，一方面是为了低延迟和节约网络带宽，另一方面是为了保证企业关键业务数据不出园区

ECN：集成网络架构

小微型边缘计算系统是当前5G边缘计算的主流模式，因为成本和通信需求，ECN一般采用一层集成网络模型

ECA和ECI：低延迟分片

为满足边缘计算的低延迟和安全可靠性需求，运营商网络需要为企业用户提供低延迟切片服务

运营商网和企业网：边缘计算安全和互通

边缘计算系统对运营商和企业网都不是安全域，需要安全互通

ECI：灵活多点通信

边缘计算到5GC、MEP管理平台和其它边缘计算的业务接口都是多点到多点通信模式，需要L3 VPN到边缘

网络支持边云协同

支持边缘计算UPF和云应用的自动化部署和运维能力，支持边缘计算业务和中心云、企业云等网络互通

图 4-18　5G 边缘计算网络规划的六大关键要素

第 5 章

边缘计算对网络需求的典型场景

边缘计算的部署位置可以从省/直辖市等中心区域延伸到客户现场，其中涉及运营商网络、边缘数据中心网络以及客户现场网络等，会对多域的网络提出新的需求和挑战，例如时延、带宽、高并发等。总体来说，边缘计算的部署对网络的影响主要集中在以下四大场景：固移融合场景、园区网与运营商网络融合场景、现场边缘计算 OT 与 ICT 融合场景，以及多运营商网络接入场景。

5.1　固移融合场景

所谓固移融合场景，即固网与移动网络互相融合使用的场景。随着 4G/5G 的发展，移动网络的应用范围也越来越多，其和固网接入一起成为两大网络接入方式。运营商边缘计算应支持移动网络（下称移动网）和固网同时接入，多种接入方式可以为垂直行业提供灵活化的网络接入，以及提供大带宽、低时延的无缝连接承载网络。

5.1.1　场景概述

移动网接入的边缘计算在距离用户最近的位置提供了业务本地化和边缘业务的移动能力，进一步降低了业务时延，提高了网络运营效率、业务分发体验，改善了终端用户体验等。其采用灵活的分布式网络体系架构，把服务能力和应用推进到网络边缘，极大地缩短了终端产品的等待时间。

固网接入的边缘计算是将业务节点和固网专用设备部署在一起，它为遍布在从端到边再到云的各种环境提供计算能力，赋能成千上万个行业，使业务能在本地形成闭环，从而大幅降低响应时延，降低 IDC 的带宽成本。

面向固移融合的运营商边缘计算提供 FMC 服务，需要同时连接 MBB 和 FBB 网络，该边缘计算和两张网络上的云有业务交互，其中 5G 核心网实现了用户面 UPF 下沉，主要解决分流、计费、QoS、移动性管理等问题；5G 接入网实现 CU 集中，实现灵活的扩展能力，固网则通过宽带接入设备 BRAS、BRAS/SR 进行分流，如图 5-1 所示。

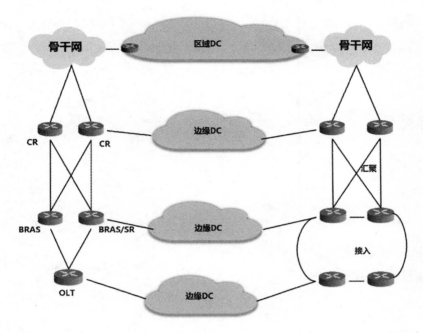

图 5-1　固移融合

5.1.2　城市监控场景解决方案

城市监控场景之视频监控可应用在工业互联网、电网、港口、交通等多种场景中。对于城市里面的视频监控，传统的监控方式绝大多数是终端固定的，如通过在交通指示灯、路灯等设施上安装摄像头实现对固定目标或一个有限监控区域的视频监控。因其位置固定，目前多采用固网接入的方式，这样可以有效地保障其网络及视频流传输的稳定性，不过固定点监控不可避免地存在着监控盲区。动态的全方位监控，一般方法是通过为执法人员配备便携式摄像头，实现执法的全过程监控以及追踪等功能，此场景中的网络组成如图 5-2 所示。

- ECA：固定的摄像头通过 OLT 等设备接入固网，再经由 BRAS 传向边缘计算节点的这段网络，固定/移动摄像头通过 4G/5G 等方式接入移动网络，在汇聚节点传向边缘计算节点的网络。

- ECN：各边缘计算节点内部的组网，类似小型/中型数据中心。
- ECI：不同的边缘计算节点之间互联的网络。

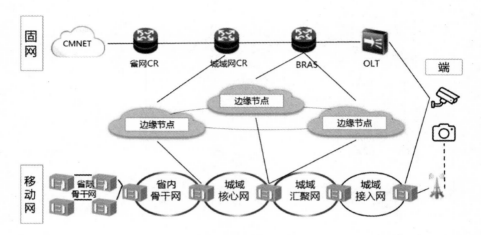

图 5-2　城市监控固移融合场景

5.1.3　对网络的需求

边缘计算固移融合对网络的诉求主要集中在移动网和固网共同使用了低节点和平台，使得同一业务中通过不同网络接入进来的流量能在同一节点被处理，保障时延以及带宽的合理要求，增强互动性体验。对于边缘计算的网络具体需求包括以下几点。

1．ECA 的需求

ECA 的常见需求如下。

- 固网和移动网络访问边缘计算业务的需求：支持通过不同网络接入的同一个业务，对多路网络的实时性、稳定性提出了新的要求，且需要满足业务同步的要求。
- 灵活的业务分流能力：网络需要能够灵活且合理使用基于用户号码、目的 IP、业务 URL 等方式配置起来的分流规则，将目标用户流量分流至相应的边缘计算平台。

2．ECI 的需求

ECI 的需求如下。

- 精准的业务调度：网络能够自动结合边缘计算的分布、网络带宽、资源负荷和传输路径等因素选择其中的最优路径，将业务调度至最合适的边缘计算平台。

- 网络边云协同：网络能够提供中心云和边缘云之间的资源、安全、应用、业务及不同地域之间等多方面的协同操作。

3．边缘计算网络总体需求

边缘计算网络的总体需求如下。

- 可靠性：网络能够在边缘计算节点业务发生故障时，不再向异常边缘计算节点做业务分发，且能快速切换至其他节点，降低故障的影响范围。

- 网络能力开放：网络能够提供统一的 API 接口将边缘计算节点负荷、链路拥塞、用户位置等信息传递给业务侧，供其调用。

- 网络切片：固移融合网络能根据业务的需求，支持相应级别的网络切片接入。

5.2　园区网与运营商网络融合场景

边缘计算带来了 OICT 行业的融合，园区网和运营商网络融合是边缘计算常见的网络融合场景之一。园区网在其园区范围内为行业客户提供网络连接，运营商网络为行业客户提供互联网接入和作为它们的分流管道。同时，运营商网络或园区网可以部署相应的边缘计算节点，为行业客户提供数据服务等业务。

5.2.1 场景概述

目前，涉及园区网和运营商网络的架构如图 5-3 所示，运营商大网主要包括 4G/5G 移动网络、无线网络、城域承载网、骨干承载网以及核心网等几部分。

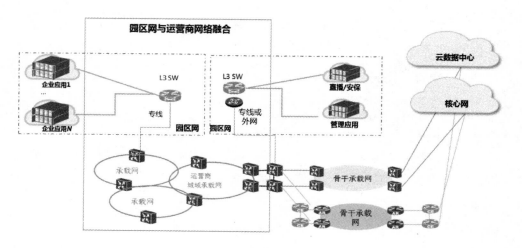

图 5-3 园区网与运营商网络的架构

在传统的云计算模式下，园区网处理业务的能力有限，运营商网络只作为数据传输的管道，可能存在如下问题。

- 业务时延较高：基于传统计算和网络模型，运营商网络将数据发送到云端，由云端的分析和处理系统对数据做相应的处理，这增加了系统处理的时延，无法满足一些园区业务的时延要求。

- 占用网络带宽大：因为传统的计算能力都放在云端，所以所有数据都需要实时上传到云端进行存储和处理，这造成了网络负载过大，增加了带宽的压力。

- 数据安全隐私风险高：这种将数据上传到云端的操作，因为网络线路过长，会提高数据泄露和代码被劫持的风险。

- 园区 WiFi 信号不稳定，难以承载关键业务：园区网络一般采用的是 WiFi 无线通信，但通过 WiFi 无法满足其实时控制的要求，而且 WiFi

在热点切换的过程中可能会丢包，如受建筑物墙体厚度的阻碍容易丢包，以及受到同频率电波的干扰和雷电天气等影响也容易丢包，造成园区业务的安全隐患。

随着企业应用的飞速发展，特别是随着 5G 网络的逐渐部署，可以支持更多的大带宽、低时延、大容量业务。一方面，越来越多的园区需要部署运营商的 5G 网络来支撑办公、生产业务的运行；另一方面，运营商网络可以延伸到园区，为园区边缘计算业务提供优质的网络连接和距离最近的边缘节点服务，因此边缘计算节点可以放置在运营商网络中，节省用户边缘数据中心的建设成本。这种场景涉及园区网与运营商网络融合，适用于一些通用的办公、生产业务，如园区人脸识别及智能门禁、视频监控、视频直播、数据采集分析等。

5.2.2　园区智能门禁场景解决方案

园区智能门禁系统是在运营商接入机房里面部署边缘计算节点以及相应的业务，通过园区网与运营商网络的融合来联动多道门禁，节省用户及访客到达某个具体会议室或办公室的时间，从而提高用户体验。对于位置相对固定的企业级边缘计算场景，基本都有园区网的应用需求，例如工业互联网、电网、港口、建筑等行业。

该方案下边缘计算节点部署在运营商机房中，通过 5G 定制化网络或固网方式与园区连接。运营商边缘计算节点实现人脸识别及车牌识别，并且通过结果联动匹配客户，实现自动开关门以及接引至停车位等功能。园区内部的多道门禁可以在园区通过网络互联，相互之间可以通信，例如前台与电梯间同步识别结果，为 VIP 客户自动安排电梯等待。此场景中的网络组成如图 5-4 所示。

- ECA：园区楼宇内的摄像头等终端设备，通过 5G 等网络接入，连接至边缘计算节点的网络。
- ECN：边缘计算节点内部网络，部分节点规模较大时，内部网络可以参考小型数据中心的组网模式。
- ECI：边缘计算节点连接至中心云的网络，一般为运营商的承载网。

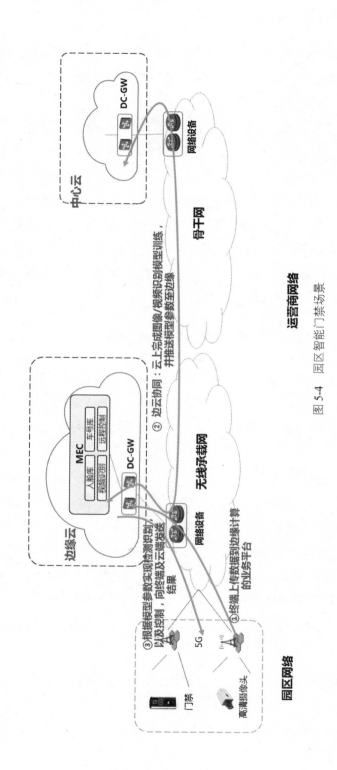

图 5-4 园区智能门禁场景

5.2.3　对网络的需求

园区网和运营商大网融合后为边缘计算请求者提供最近的边缘节点服务，涉及多行业的网络能力融合，对网络的互联、互通、互操作提出了相应的需求，主要集中在 ECA 方面。

- 互联：运营商网络提供专线业务，为园区网提供出口连接，使能园区网接入互联网以及实现多园区的连接。运营商网络主要提供管道能力，不涉及企业生产业务与办公业务。

- 互通：运营商网络和园区网络，能够根据园区用户的生产业务与办公业务的区别，为业务提供差分化网络承载服务，如提供不同 QoS 等。随着边缘计算下沉到企业园区网，促进并加速企业业务进一步上云，企业生产/办公业务需要园区网和运营商网络结合，为不同业务提供差异化服务。

- 互操作：园区网络和运营商网络可以进行更深层次的互动，例如园区网络可以调用运营商网络开放的网络接口；运营商网络可以动态地根据园区网络的实时需求调配接入的网络参数，或者由园区客户根据自身需求自行配置所使用的园区网及运营商网络。

为实现园区网和运营商大网融合的互联、互通、互操作，需满足以下几个需求。

1．ECA 需求

- 网络数据分流：研究边缘大网和园区数据网实现数据的对接，以及大网如何将数据"卸载"到园区网中，实现对安全性要求高的这部分业务数据不出园区的目的。

- 实时连接性需求：避免路径绕转带来的额外时延，采用最短业务处理路径方式。

2．ECI 需求

- 跨域管理：需要实现跨网络的协同管理，采用标准化的管理接口，通过对网元的抽象，做到园区网和运营商网络的资源统一调度、业务统一配置、故障统一定位。

3．边缘计算网络总体需求

- 可靠性需求：一方面需要建立网络的保护机制，能抵抗一般性的网络故障；另一方面需要避免不稳定的无线网络带来的额外风险。

- 增强网络 API：运营商大网边缘计算平台需要承载大量的行业用户业务，针对行业用户的通用诉求来增强 API 是增强运营商大网能力的重要发展方向。

- 安全：园区网和运营商大网需要通过防火墙做连接，以保证两端网络之间的安全融合。在数据层面，需要通过边缘计算配置到园区网的路由，确保 5G 数据层面与园区网的畅通。

- 网络切片：园区网络一般都临近行业现场，应该能支持行业普通级以上的网络切片接入。

5.3 现场边缘计算 OT 与 ICT 融合场景

现场边缘计算 OT 与 ICT 是在工业生产现场部署的边缘计算技术体系下，为生产现场提供智能化的网络接入，以及高带宽、低时延的网络承载，并通过开放可靠的连接、计算与存储资源，为多生态业务提供在生产现场侧的灵活承载能力。

5.3.1 场景概述

生产现场边缘计算作为分布式云计算架构的有机组成部分，其特点是将时延敏感的数据采集和控制功能、高带宽内容的存储，以及应用程序放在更接近现场的位置。业务、数据等都在车间、工厂或园区内部运行与处理，一般较少涉及外网，所以主要集中在工厂内网的建设。尽管当前制造企业的网络部署方式多种多样，但都遵循了传统的多层级方式建设。当前，现场网络呈现"两层三级"的架构，"两层"是指存在工厂"IT 网络"和工厂"OT 网络"两层技术异构的网络；"三级"是指根据目前工厂管理层级的划分，网络被分为"现场级""车间级""工厂级"三个层次，每层之间的网络配置和管理策略相互独立，如图 5-5 所示。

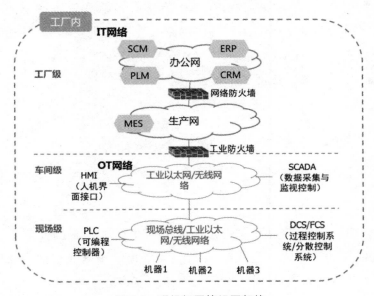

图 5-5 现场级网络组网架构

在现场级，工业现场总线被大量用于连接现场检测传感器、执行器与工业控制器（如 DCS/FCS），通信速率在数 kbps 到数十 kbps 之间。近年来，虽然已有部分支持工业以太网通信接口的现场设备，但仍有大量的现场设备采用电气硬接线直连控制器的方式连接。在现场级，无线通信只在部分特殊场合使用，存量很低。这种现状造成工业系统（如 PLC）在设计、集成和运维的各个阶段的效率受到极大的制约，进而阻碍着精细化控制和高等级工艺流程管理的实现。

车间级网络通信主要是完成控制器（如 HMI）之间、控制器与本地或远程监控系统（如 SCADA）之间，以及控制器与运营级之间的通信连接。这部分主要采用工业以太网/无线网络通信方式，也有部分厂家采用自有通信协议进行本厂控制器和系统间的通信。当前已有的工业以太网，往往是在通用的 802.3 百兆以太网的基础上进行修改和扩展而来，不同工业以太网协议间的互联性和兼容性限制了大规模的网络互联。

企业 IT 网络通常采用高速以太网以及 TCP/IP 进行网络互联。

工业互联网的智能工厂中，工厂级 IT 管理运营系统对现场实时获取工艺过程数据和设备状态数据有着强烈的需求。如何高效便捷地部署现场设备的通信互联，以及如何利用先进的网络技术实现现场（如 MES）与管理级系统（如 ERP、PLM）之间高实时性、高可靠性的数据通信，是目前工业网络系统技术领域普遍面临的问题。

5.3.2 工业智能检测应用场景解决方案

工业智能检测涉及工业的生产、制造、维护等多个环节，是现场边缘计算的重要应用场景之一。边缘计算平台部署设备实时控制、人工智能识别、生产环境检测等业务系统，通过采集生产现场设备的数据，实时分析并反馈处理结果，实现产品质量视觉的高精度、高效率检测与持续优化，提高检测的准确率和实时性，进而促进生产效率的提升。同时，在云端集中部署人工智能模型训练、模型下发等应用内容，通过云边协同，实现生产模型的快速下发和应用，从而打造整体化的智能制造工厂环境，实现生产制造的柔性化、智能化和高度集成化。此场景中的网络组成如图 5-6 所示。

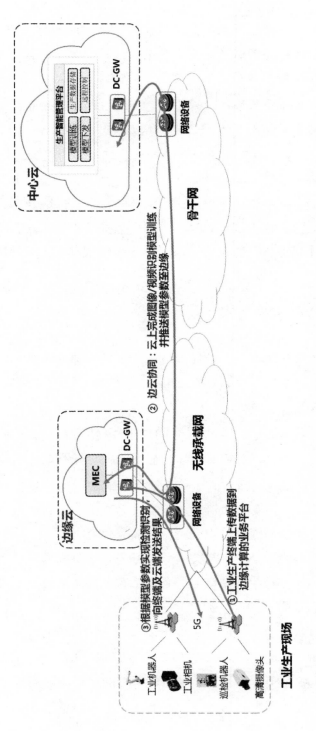

图 5-6　工业智能检测应用解决方案网络组成示意图

- ECA：位于工业现场的高清相机等终端设备，通过 5G 等现场级网络接入，将实时图像数据传送至边缘计算平台进行智能检测分析，同时根据反馈结果进行工业控制的实时操作。

- ECN：用于承载边缘计算平台，需就近部署，接收现场级网络的产品图像数据，用基于人工智能的算法模型进行实时分析决策。

- ECI：边缘计算节点将工业生产数据经过聚合后通过运营商承载网络上传到中心云，这个中心云可以是运营商公有云，也可以是第三方公有云服务商提供的云服务。云平台接收来自边缘计算节点聚合的数据信息后进行模型训练，并将更新模型推送到边缘端，然后完成数据的分析和处理，再通过云边协同实现生产模型等的快速下发和应用。

5.3.3　对网络的需求

现场网络的总体发展趋势是 OT 网络与 IT 网络的不断融合，并支撑新一代的网络技术融入生产控制及管理的过程中。同时，不同的网络层级对指标及性能的需求有所不同。

企业级网络通信主要通过 TCP/UDP 和 IP 协议进行数据交换，主要关注的内容是网络的带宽，对实时性和可靠性的要求并不高。

控制网和制造执行系统，是运行边缘计算业务的主要执行层。控制网为了提高实时性，通过实时通道将应用层数据直接加载到修改过的二层工业以太网帧中进行传输；而非实时通道为了提高兼容性，支持标准的 TCP/UDP 和 IP 协议，使其能够与普通以太网设备兼容。制造执行系统通常用以太网构建，与控制网之间需要满足安全隔离等要求。这几层网络主要关注的是确定性、实时性和可靠性。

传感/执行层包括总线、工业无线或使用私有网络协议的设备网（OT 网络），它们无法与标准以太网直接互联，必须通过网关或 PLC 等设备进行转换。这部分网络对实时性和可靠性有非常高的要求，随着现场设备的升级，对带宽的要求也在逐步提高。

总的来讲，现场边缘计算网络需要满足以下几个需求。

- 异构终端接入需求：现场网络需要面对多种多样的设备，这就要求其能支持多种类的设备接口。

- 确定性时延及带宽需求：在时延方面，工业自动化控制通常分为运动控制和过程控制，运动控制通常要求时延在 1ms 级别，过程控制要求时延在 10ms~100ms 级别。同时，确定性时延不仅要求低时延，还要求将时延的抖动控制在一定范围内，通常为纳秒级。带宽方面，对于传统结构化数据的采集，要求在 100Kbps；对于非结构化数据的采集，例如视频等，要求在 100Mbps 以上。

- 可靠连接性需求：现场业务的丢包率根据不同的业务要求在 $10^{-7}\%$~$10^{-4}\%$ 范围内。

- 跨域协同和管理：需要支持现场网络到企业网络各层级的协同和自动安装管理。

- 安全：是工业界最关注的问题。在工业网络扁平化的趋势下，如何保障现场网络和企业网络的不同安全登记和需求，以及保障工业网络不受外部入侵、工业数据不被其他人或其他公司窃取是工业网络构建的基本要素。

另外，随着工业互联网的发展，现场边缘计算网络呈现出"IP 化、扁平化、无线化、灵活组网和网络切片"的发展趋势。

- IP 化：主要是指 ECA，能实现从机器设备到 IT 系统的端到端互联，进而实现整个制造系统更大范围、更深层次的数据交互与协同。

- 扁平化：包括两个方面，一个方面是工厂 OT 系统逐渐打破车间级、现场级分层次组网模式，智能机器之间将逐渐实现直接的横向互联；另一个方面是整个工厂管理控制系统的扁平化，包括 IT 系统和 OT 系统部分功能融合，或通过工业云平台方式实现，将实时控制功能下沉到智能机器。

- 无线化：利用各种无线技术支持企业内使用更加广泛的信息采集与传

送技术，消除"信息死角"。随着产业互联网的发展，无线网络将逐步成为有线网络的重要补充，即无线化。但同时还需要解决电磁信道干扰、低功耗、可靠性等关键问题。

- 灵活组网：这是面向柔性生产的需要，通过网络资源的动态调整，实现生产过程的灵活组织及生产设备的"即插即用"。
- 网络切片：现场级网络对于时延、带宽、安全性有非常高的要求，应支持至少行业 VIP 级的切片接入。

5.4　多运营商网络接入场景

目前很多业务和运营商网络的选取是解耦的，即同一种业务可以通过不同的运营商网络混合接入，例如浏览网页、游戏、视频等常见业务。那么，部分需要协同配合以及互动的业务就要求在多种运营商网络接入条件下保持一致性。

5.4.1　场景概述

多运营商网络接入边缘计算的场景，包括不同的运营商网络接入同一个边缘计算节点，或者接入不同的边缘计算节点等场景。由于不同运营商的网络架构、接入技术、当前负载等有所不同，可能会造成不同的网络时延和抖动，对可靠性有一定的影响。但业务要求对于同一种业务（如云游戏）的不同用户，需要提供一样的网络质量，从而保证业务的正常运行，否则可能会给客户造成损失，这就要求提供边缘计算业务的工作人员熟悉掌控多运营商网络接入服务。

5.4.2　云游戏应用解决方案

云游戏是将游戏应用部署在云数据中心，其实现的功能包括游戏指挥控制的逻辑过程，以及游戏加速、视频渲染等对芯片要求较高的任务。终端通常是一个视频播放器，在没有高端系统和高端芯片的支持下，用户也可以获得良好的游戏体验。

一般来说，游戏用户通常追求消费体验。一般的游戏对网络延迟的要求是小于 30ms 的，竞争性游戏用户对网络延迟的要求是小于 10ms 的，因为专业玩家通常能感受到毫秒级的延迟差异。云游戏采用边缘计算部署，与中心云上的云游戏中心的计算、存储等能力协同，为客户提供低时延的良好用户体验。此场景中的网络组成如图 5-7 所示。

- ECA：云游戏的接入终端多为手机或 PC 等设备，通常存在多个玩家通过不同运营商网络接入进行同一场游戏的情况。这样，对于同一场游戏的多个玩家通过不同的网络接入方式共同娱乐和竞技，网络的性能会对用户体验影响较大，这就需要保证不同运营商网络接入的带宽、时延和抖动相差不大，否则会影响游戏的公平性。

- ECN：其承载边缘计算平台，通过 GPU 渲染提供图形显卡性能，为客户提供图形加速等能力。同时，将游戏视频流信息发送给终端，接收用户的控制指令信息并进行相应的处理。

- ECI：实现边缘计算节点和部署在中心云的云游戏中心的协同，能实现游戏的快速分发、安装，以及容灾和 AI 操作。

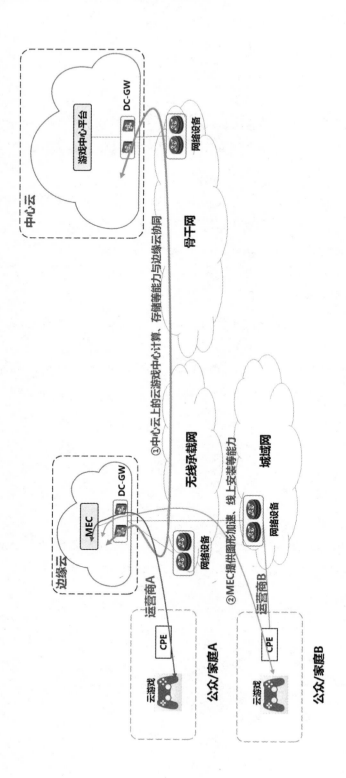

图 5-7 云游戏应用解决方案网络组成示意图

5.4.3　对网络的需求

这部分的需求主要集中在不同网络间的"协同"上，以及不同的运营商需要满足同一质量的业务需求。

- 时延的一致性：业务可能涉及用户与用户的实时交互，对网络时延的要求非常高，需要保持一致性。

- 大带宽：业务主要是边缘计算节点下发的游戏视频流（如云游戏），对于带宽的要求比较高。

- 合理调度：由于多家运营商的网络接入，可能会涉及多个边缘计算节点间的业务调度，这时就需要有合理的策略，并自动选取最优的边缘计算节点。

5.5　本章小结

边缘计算由于其部署位置会对网络质量产生非常大的影响，包括不同网络接入方式的融合、不同行业的网络融合、同一行业内部的网络融合以及同一行业多种领域的网络融合等。

总体来讲，对边缘计算接入网络来说，由于其是最靠近用户侧的网络，会连接大量的用户设备，对网络的带宽、时延、高并发、分流等有较高的要求；对于边缘计算内部网络来说，由于其比较接近数据中心网络的需求，需要兼顾组网、高速转发、计算消耗等多种因素；对于边缘计算互联网络来说，需要支持云边协同能力的相互开放和调用，以及网络 AI 等要求。

第 6 章

边缘计算的常见场景

本章着重描述边缘计算在各个领域的应用场景，包括工业互联网、智慧电网、智慧港口、智慧交通、智慧矿山、云游戏、智慧建筑等，全面体现基于边缘计算的本地业务处理、低时延、智能化等能力。

6.1　工业互联网边缘计算

5G、工业互联网等业务的蓬勃发展，与人工智能、AR/VR、工业 4.0 等 OICT（Operational、Information、Communication Technology，即运营、信息和通信技术）领域代表的创新技术呈现出融合发展的趋势，网络流量模型在新的业务需求下也从传统的自上而下的形态逐渐变得去中心化，边缘节点也需要具备一定的智能化业务处理能力，这些趋势促使着各垂直行业实现数字化转型和未来的应用创新。

6.1.1　工业互联网智能化趋势

工业互联网的目标是将灵活的网络技术和思想应用在工业环境中，把设备、生产线、工厂、供应商、产品和客户紧密地连接和融合起来，高效共享工业经济中的各种要素资源，从而降低成本，提升效率，帮助制造业延长其产业链，推动制造业的转型发展。

边缘计算可以实现业务的本地处理，在降低时延、节省带宽的同时，也满足工业安全和数据不出厂内的需要，且与目前的工厂系统比较，可以实现灵活化部署和更新，也为柔性制造等未来趋势奠定基础。工业互联网边缘计算可以实现的业务包括灵活的数据采集、自动化控制、物流管理以及智能检测等。

6.1.2　工业互联网中边缘计算的典型应用

1．数据采集

边缘计算实时采集工业现场生产过程与信息化管理数据，数据范围包括现场生产设备数据、第三方系统数据等。通常情况下，工业现场数据采集的接口类型是非常复杂的，边缘计算可负责对接完成这些数据接口，另外现场采集到的数据基本都是杂乱无章的，通过边缘计算对这些数据进行抽取、整理、分析和预处理，将这些数据转换成有用的生产信息，并将其及时反馈给平台。

边缘计算涉及先进传感技术，边缘数据采集、处理、传输等技术，可以达到以下效果。

- 对现场采集的数据进行数据预处理，将现场有用的信息提取出来实时上传给平台，为平台大大减轻了处理的工作量。工业现场有大量的生产数据，它们的数据量往往都按 GB 计算，但里面真正有用的信息并不多，如果没有引入边缘计算，那么平台必须实时采集这些多的数据，这么大的数据处理如果都要依靠平台，其效率可想而知，如图 6-1 所示。

图 6-1　数据采集场景

- 汇聚现场数据统一接口上传数据到云端，大大提高系统多样部署的安全性，解决现场数据跨域访问的问题。一般情况下，工业现场都会存在很多已有的系统，工业互联网平台的出现不能一次性将其全部颠覆了，因为这些系统在现场已经能稳定运行并工作良好，工业互联网平台一定要与它们相互兼容并协同工作。但这些系统的数据如何与平台相互通信呢？传统的系统因为是本地部署，所以可以在企业内部直接进行通信。平台一旦是云端部署，那么就要考虑各方面的问题，如网络安全、跨域连接等问题，使用边缘计算汇聚现场数据后，通过统一的接口连接到云端，这样，制造企业无须给云端为每一个业务系统都开放通信端口，大大降低了被网络攻击的风险，同时也解决了局域网与广域网跨域访问的问题。

2．自动化控制

自动化控制主要涉及工业机器人、机械臂等设备，是生产过程中的重要组件。工业机器人与自动化成套装备是生产过程中的关键设备，能够用于制造、安装、检测、物流等多个生产环节。

目前的工业控制器，既包括运动规划和控制功能，也包括具体行业的应用功能。在应用上存在以下两点制约：一是行业类应用与机器人的基础控制耦合程度太深，不利于应用功能的开发、升级和转换；二是机器人控制器的接口能力和计算能力有限，对 PLC/传感器/智能仪表/智能 IO 等周边设备接入和控制的支持不够好。

边缘计算控制器测试床实验平台的第一个目标是将控制器分为边缘计算控制器和运动控制器两个部分，以实现应用功能和运动控制功能的解耦。运动控制器提供运动规划和控制，并对边缘计算控制器提供标准的交互接口。边缘计算控制器提供两方面的功能，一方面是机器人的标准服务，如安全、监控、智能诊断；另一方面是具体的行业应用软件包，如码垛、点焊、弧焊等工艺包，多机器人协调、调度等机器人扩展服务。

边缘计算控制器测试床实验平台的第二个目标是提高机器人等设备的接口能力和计算能力，使机器人能便捷地完成与 PLC、各类传感器、智能仪表、智能 IO 模块等周边环境设备的数据交互；并通过提供计算能力，使边缘计算控制器可以完成工作站或生产线的控制功能，提高机器人的适用性，如图 6-2 所示。

图 6-2　自动化控制示意图

　　基于以上两个目标，边缘计算控制器需要实现通信、数据和应用三个平台的建设，说明如下。

- 通信平台，使边缘计算控制器能便捷地完成与 PLC、各类传感器、智能仪表、智能 IO 模块等设备的数据交互；

- 数据平台，使机器人自身数据、工作站等环境数据得到有效的采集和管理，以应对行业应用统计和分析使用；

- 应用平台，通过搭载监控、智能诊断、安全等机器人服务，集成码垛、调度、点焊、弧焊等工艺包，从而扩展工业机器人的应用领域，提高信息化程度和生产制造的服务质量。

3．视频检测

　　工业检测涉及工业的生产、制造、维护等多个环节，是现场边缘计算的重要应用之一。边缘计算平台通过对现场设备的数据进行采集，并实时反馈分析处理结果，一方面可以实现产品质量的实时高精度高效率检测与持续优化，提高检测的准确率和实时性，进而促进生产效率的提升；另一方面可以在现场设备运转状态下进行异常检测及损伤评估，从而确保生产过程的安全和稳定。

工业现场的高清相机、线阵相机能拍摄产品质量的实时图像，并通过现场级网络将实时图像数据传输至边缘层进行智能检测分析，同时根据反馈结果实时操作。

边缘计算层接收现场级网络的产品图像数据，使用基于人工智能的算法模型进行实时分析决策。边缘计算层将数据经过聚合后通过管理/企业级网络上传到云平台，同时对经过训练的数据处理模型进行更新，以优化检测精度并满足多样性产品的检测，如图 6-3 所示。

图 6-3　实时视频检测

云平台接收来自边缘云聚合的数据信息和训练模型，将更新模型推送到边缘端，完成数据的分析和处理。

在智能检测场景中，检测的对象通常是现场作业的设备，其会通过多种多样的现场协议接入。一方面，为了保障机器及人员的安全，需要系统能够及时有效地反馈处理结果；另一方面，采集的数据已经由传统的结构化数据慢慢转变为非结构化数据，其数据量增大，对网络的带宽也提出了更高的要求。另外，应用涉及了现场设备、边缘计算节点以及边缘云之间的多段网络，对跨域的网络管理以及自动化部署也提出了新的需求。

4．物流和运输管理

据交通运输行业发展统计公报数据显示，截至 2019 年年底，全国共有载货汽车 1087.82 万辆。其中，普通货车 489.77 万辆，专用货车 50.53 万辆。一方面，公路货运在全社会货运总量中占比连续多年超过 70%；另一方面，各主管部委陆续出台车联网相关政策，要求全面推动车联网技术的研发和标准的制定，组织开展车联网试点、基于 5G 技术的车联网示范，推动整个产业的发展。基于新一代移动通信、物联网、大数据、云计算等技术的货运车辆联网将逐渐成为行业热点。

通过边缘计算与专用车载智能终端，实时全面地采集车辆、发动机、油箱、冷链设备、传感器等部件的状态参数、业务数据以及视频数据，通过视频、温控、油感、事件联动，对车辆运行状况进行全面感知，形成高效能低能耗的物流运输综合管理服务体系，并可以实现如下功能。

- 车辆路线规划和状态检测

物流行业的发展将会带来众多运输车辆按照既定的路线进行货物运输。目前，一二线城市堵车现象时有发生，用户可以利用 5G 网络加边缘计算对车辆的路线进行实时规划，根据路面交通情况变更路线，从而提升运输效率，增加运力。

其次，通过专用车载智能终端，实时全面采集车辆、发动机、油箱等部件的状态参数和业务数据。驾驶前进行全车安全扫描；行程中发动机能实时检测，以及进行瞬时油耗数据监测分析，一旦数据出现异常实时报警，并自动通知驾驶员及后台监控中心；驾驶后可通过车载智能终端存储的数据进行油耗行程、预防性维修分析。这种转变后的车辆管理模式，从结果管理到过程管理，从粗放式管理到精益管理，能支撑物流运输经营者持续提升管理水平，如图 6-4 左所示。

- AGV 自动运输

目前，AGV 小车在工厂中的应用逐渐增多，可以代替人工进行自动运输和装置、卸载货物。在 2019 年 MWC（Mobile World Congress，世界通信大会）上，已经有企业展示现场级的 AGV 小车自动运输原型。在工厂中，可以利用 5G 接入实现 AGV 定位，利用边缘计算节点进行 AGV 所在地区的地图学习和路线规划，并实现实时回避行人、车辆等功能，实现真正意义上的无人化 24 小时货物运输，如图 6-4 右所示。

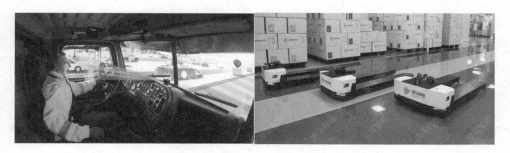

图 6-4　物流路线规划和 AGV 自动运输

6.1.3　小结

工业互联网是通信技术（CT）与 OT、IT 的有机结合，5G 网络的接入配合边缘计算可以为工厂中的各种工业流程和机器的控制技术服务，并且能够保证工业环境中的高可靠性，也可以支持工厂中大量的数据分析和促进工业生产的数字化与智能化，实现高可靠、快速和低成本的工业化连接和计算。工业互联网边缘计算的需求如下。

- 数据和网络的安全性：多数工厂要求数据不出厂内，且生产网络和企业网络要求与外界隔离。

- 极低时延：部分应用如工业控制对时延有着非常苛刻的要求。

- 大带宽：随着多样化数据采集业务的兴起，例如摄像头采集图像和视频信息，工业互联网对于带宽的要求也在逐渐增高。

6.2　智慧电网边缘计算

智慧电网的目标是通过先进的网络、传感和测量技术，以及控制和决策系统的融合应用，保障电网更加安全、可靠、高效地运行。边缘计算可以通过本地业务处理实现高效的电网全流程管理，以及安全快速的控制，助力电网全面走向自动化、智能化。

6.2.1 智慧电网智能化趋势

电力网络由发电、输电、变电、配电及用电环节组成，通常有自主独立的一套网络系统，以满足关键业务的需求。随着能源互联网的发展，2019 年国家电网提出建设"三型两网"国际一流能源互联网企业，适应能源行业的转型升级，满足社会经济的发展与用户对服务提升的需求。

电力网络和运营商网络的结合，一种方式是将电网中的数据传输装置（Data Transfer Unit，DTU）设备通过 CPE 等接入 5G 网络，通过 5G 回传网将业务和数据请求发送给边缘计算节点，进行处理和反馈。这种方式克服了传统方案中的以下两个问题。

（1）对于关键业务独立建网、专网专用造成的网络利用效率低、成本高，并且难以满足未来多种业务并存的问题。

（2）电网边缘计算设备异构的统一网络连接和算力的动态调度问题。

6.2.2 智慧电网中边缘计算的典型应用

运营商提供的 5G 网络可以与电网自主独立的网络相结合，为电力行业提供包括发电、输电、变电、配电及用电等多个环节的边缘计算服务。对于电网应用，形态与业务种类繁多，需求各异，如控制类业务要求低时延、高可靠性；视频监控类业务要求高带宽；数据采集类业务要求支持周期性的低速率连接等（见图 6-5）。

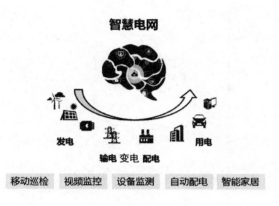

图 6-5　智慧电网应用场景

主要场景包括以下几项。

1．移动巡检

电网公司为发电、输电、变电、配电等环节配备巡检机器人，进行定期或周期性巡检业务。巡检机器人可通过 5G 接入到运营商网络，将巡检结果第一时间上报给邻近的边缘计算节点并得到进一步的指令。巡检环节通常针对电力设备和环境所设，实时性要求不是特别苛刻，但需要较高的安全性，防止网络以及巡检设备的故障。

2．视频监控

智慧电网为发电、输电、变电等环节提供视频监控服务，由于这三个环节的设备通常暴露在露天的环境下，人工巡检或监控不是特别方便。视频监控可以提供一定的安全保障，当人或动物靠近危险区域时，在视频监控下可以进行及时的报警和提示。此环节由于需要布置多路摄像头等视频采集设备，需要较高的带宽，对时延等没有太高的需求。

3．设备监测

在发电、输电、变电、配电等环节中，智慧电网对新能源电站、输电线路状态、变电现场和设备、配电设备和环境等进行转台监测，此环节通常通过配备传感器实现，由于涉及重要电力设备，需要实时性很高。因为当出现故障时，需要第一时间上报并做出相应的安全防护措施。

4．自动配电

这个操作通常针对配电环节，在边缘计算节点提前部署配置策略，通过5G网络对各电表电箱等进行配电，可以代替配电提高效率，并提高安全性。此场景对网络安全性要求很高，对带宽和时延要求不高。

5．智能家居

移动巡检主要集中在用电环节，其可以配合进行智能家居服务，例如电压电流等控制，此场景对网络安全性要求较高，对带宽和时延要求不高。

6.2.3　小结

电力网络与运营商网络融合的需求包括高安全、低时延、高可靠、广覆盖以及多连接等几项，同时结合边缘计算还需要数据分流等需求。

- 高安全：电力行业的安全性是第一位的，不论发电、输电，还是配电等环节，均对网络安全提出非常高的要求，否则会埋下安全隐患，造成经济损失或安全事故。

- 低时延：变电和配电等流程对于网络时延的要求非常苛刻，通常要求时延在毫秒级范围内，如果达不到同样会带来安全隐患。

- 高可靠：由于运营商网络与电力网络进行连接，电力网络对安全可靠的要求非常高，所以这两部分的网络可靠性都需要得到保障，才能提供优质的边缘计算服务。

- 广覆盖及多连接：电力网络的覆盖范围非常广，如对变电站的监控，可能会涉及千米级的长度，所以需要广泛部署传感器等设备，并对这些设备进行实时监控等。

- 数据分流：由于电力网络的覆盖范围比较广，业务的请求以及采集的数据需要进行合理的分流，才能让资源的负载均衡有效实现，保障业务有效，并可靠安全地运行。

- 网络切片：由于电力对网络的时延和安全性要求都非常高，需要使用支持行业特需级网络切片才能满足其需求。

6.3　智慧港口边缘计算

港口在促进国际贸易发展中发挥着关键作用，港口的作业效率、资源管理等也需要更多层次、敏捷化、高品质的服务。边缘计算可助力港口实现智能化、自动化的管理和运维，同时还可以进行关键业务的控制，促进智慧港口的发展。

6.3.1　智慧港口智能化趋势

智慧港口的设施配置主要涉及交通运输基础设施网络、信息化基础设施网络，以及港口运输装备三部分。没有基础设施的网络化、信息化，没有港口运输装备的标准化、智能化，就无法实现港口运输要素的全面感知，也无法实现港口运输组织和运输管理的创新。

港口的网络中，一般由岸桥、龙门吊、集卡等港口现场的设备接入网络，工作人员通过网络对设备进行作业，其对网络有较高的要求，5G 商用的推进也为港口智能化提供了强有力的网络基础。

6.3.2　智慧港口典型应用

通过运营商网络与边缘计算相结合，可以为港口提供优质的网络连接服务，实现人机分离，并可以进行远程控制、运输，同时配合视频识别等操作，实现货物识别自动入库，保障港口安全等。

- 远程控制港口机械：传统的方式是由工作人员在高空操作室控制设备，工作条件艰苦且效率低下，也存在很大的安全隐患。现在，可以通过 5G 网络连接高清摄像头等设备，将岸桥、轮胎吊、轨道吊等信息发送到边缘数据中心并处理后，再发送给工作人员，工作人员可以根据现场视频图像进行参考操作，从而改善作业环境、降低安全风险、提高作业效率。对机械的控制一般要求 30Mbps 以上的带宽支持视频的传输，时延要求在 20ms 以内，可靠性要求 6 个 9，即 99.9999%。

- 自动化运输和装载：通常港口的货物运输是 7×24 小时作业，工作强度非常大，且环境拥挤，存在安全隐患。通过边缘计算可以实现港口的自动化运输，港口的环境相对固定且封闭，降低了地图、路线学习等的难度，有利于实现运输车的自动驾驶。同时，通过边缘节点控制装载机器人，可以集运输+装载为一体，实现无人化港口。自动化运输和装载的时延要求一般在 20ms 以内，可靠性 6 个 9，即 99.9999%。

- 视频安防和管控：港口的多项业务都与安全紧密相关，例如货车运输、机械臂作业，所以需要对其进行全方位的监控，不仅是对机器，也需要对工作人员（如操作员、司机等）进行安全监控，利用边缘计算进行实时反馈和报警，保障人机安全。

6.3.3　小结

智慧港口应用边缘计算对网络的需求主要集中在低时延、高可靠等方面。

- 低时延：远程控制及无人运输等场景，对带宽及时延有较高要求。
- 高可靠：多项业务都涉及人员和设备的安全，需要网络的高可靠性保障。
- 网络数据分流：运营商网络和港口现场网络实现数据对接，以及数据的准确分流。

6.4　智慧交通边缘计算

　　智慧交通是在整个交通运输领域充分利用物联网、云计算、移动互联网等领域的新一代信息技术，其能实现行业资源配置优化、决策、管理、公众服务能力的提升和转型升级。交通行业由于其涉及范围极其广泛，边缘计算可以帮助交通行业实现实时的管理控制和资源优化配置等操作。

6.4.1　智慧交通智能化趋势

　　交通行业系统是一个复杂而巨大的系统，如何提高整个交通系统效率、提升居民出行品质是智慧交通最重要的关注点，也是其最大的挑战。交通行业涉及各种传感器和终端设备标准对数据的采集和接收，并需要进行大量的信息共享和同步，来保证交通行业系统的有效运行。

　　交通行业的网络通常是城市级以上，大多会涉及运营商汇聚网络部分，且由于分布范围较为广泛，加上车辆等交通工具处在不断移动的过程中，需要进行一定的业务迁移保障，才能保障业务的连续性和服务的高效。

6.4.2　智慧交通典型应用

　　运营商网络与边缘计算相结合后，可以为交通提供优质的网络连接服务，同时配合视频识别等能力，实现车路协同、安全监控、自动化 ETC 识别，保障交通安全等。

- 车路协同：车路协同是智慧交通的重要发展方向，全方位实施车与车、车与路之间的动态实时信息交互，并在全时空动态交通信息采集与融合的基础上，开展车辆的主动安全控制和道路协同管理。这时，可以利用 5G 网络接入+边缘计算来充分保障人、车、路的有效协同，提升交通安全和通行效率等，从而形成安全、高效和环保的道路交通系统。

- 安全监控：交通事故如今依然频繁发生，交通行业的自动化运行首先要保证的就是安全性，如今很多道路上都已经部署了摄像头等设备，这就可以利用 5G 网络的高质量服务，以及边缘计算的就近处理能力，保证路面和车辆情况能够在第一时间被感知，争取到关键的几秒钟来保障安全，如图 6-6 所示。

图 6-6 智慧交通场景

- 自动化 ETC 识别：ETC 已经逐渐代替人工作为高速公路进出口的检查方式，专用网络的建设成本很高，普通网络可能无法保障可靠性以及提供实时性服务。这时，就可以利用运营商网络+边缘计算为 ETC 识别缴费等提供更可靠、更低时延的保障。

6.4.3 小结

交通行业应用边缘计算对网络的需求主要集中在低时延、大带宽、高可靠等需求。

- 低时延、大带宽：车路协同、安全监控等场景需要多路摄像头的视频采集以及高效的实时响应，对带宽以及时延有很高的要求。
- 高可靠：交通行业涉及人员和车辆等的安全，需要网络的极高可靠性保障。

- 网络数据分流：运营商网络和车路现场网络实现数据对接，以及数据准确分流。

6.5　智慧矿山边缘计算

矿山由于其特殊的工作环境，对智能化转型和管理有着更高的需求，同时人员的安全保障也是最受关注的问题之一。边缘计算由于其位置临近现场，结合 5G 网络可以解决传统网络不可触达等问题，保障矿山业务的安全、高效运行。

6.5.1　智慧矿山智能化趋势

我国是矿产资源大国，目前已经发现 170 余个矿种，且多种矿产资源的储备量位居世界前列。2019 年 11 月中华人民共和国工业和信息化部（简称工信部）原料司发布《有色金属行业智能矿山建设指南（征求意见稿）》，指出各有色金属矿山企业需根据实际建设需求，确定智能矿山投资目标，明确资金来源，确保资金投入，智能矿山的需求将会在未来几年爆发式增长。

矿山主要分为露天开采和井下开采两种，无论哪种，开采条件都较为恶劣。边缘计算可以满足以下几项需求。

- 露天开采低时延、高可靠的远程操控。
- 井下开采的自动化监测和采掘。
- 视频监控以及智能报警功能保障人员和设备的安全。
- 全面多样化的数据采集以及融合化的组网和接入。

6.5.2 智慧矿山的典型应用

露天开采的场景主要包括移动专网接入下的无人矿卡作业、工程机械远程操控和协同作业。井下开采的业务场景包括融合化组网的无人化采掘和监控、井下设备采集、采掘高清检测等，部分内容说明如下。

- 无人矿卡作业：露天矿山的矿卡无人驾驶主要基于 5G+北斗高精度定位、5G+V2X、5G+边缘计算等技术，对矿卡进行改造，以实现方向、油门、制动等控制全电动传感基于 5G+边缘计算，实现车上控制器能根据毫米波雷达和视频采集的数据对应急情况进行本地快速处理。基于 5G 低时延特性，实现采集到的数据同步上传到边缘计算节点去做大数据分析，并进行路线和定位修正，将横向误差和航向误差限制在厘米级别，且不受雨雾、大风等恶劣天气的影响。同时，经过改装后的车辆驾驶速度与人工驾驶速度相当，在保证甚至提高生产效率的基础上，提高了生产的安全性，降低了人工成本和因不良驾驶习惯造成的油耗、车辆损耗等运营成本。

- 工程机械远程操控和协同作业：基于 5G 的低时延特性，操作方可以通过总线或传感器获取工程机械、发动机的实时运行数据，从而实现位置、运行状态、故障、保养、排放、油耗的实时监控，同时实现对工程机械的远程操控。一方面改善工程机械驾驶人员的工作环境，提高安全保障；另一方面可以通过 5G 网络接入配合 GPS 导航、无线通信等技术手段，将现场各类工程机械组成一个有机的整体，并进行协同工作。

- 无人化采掘和监控：通过在工作面、设备列车、皮带机头等位置布置基站进行 5G 网络接入，可以进行全面的井下采掘监控，从而确保设备的安全性。同时，通过布置边缘计算节点，可以实现操作人员对设备的远程操控采掘，避免了实地井下采掘带来的安全风险。

- 井下设备采集：为了实现无人化井下采集，必须布置大量的传感器。

5G 网络的海量接入特点正好可以满足其需求，而数据采集也会成为以上各个场景安全运行的保障。

6.5.3　小结

矿山行业应用边缘计算对网络的需求主要集中在低时延、大带宽、高可靠、移动性接入等需求上。

- 低时延、大带宽：远程矿卡控制及井下作业控制需要时延小于 18ms，视频监控的带宽需要达到 600~1000Mbps。
- 高可靠：矿山行业涉及人员和车辆等的安全，需要网络的极高可靠性保障。
- 移动性：无人矿卡作业需要移动性的网络接入以满足需求。

6.6　云游戏边缘计算

游戏是文娱行业的应用代表，近些年，随着人们生活水平的提高，用户开始追求文娱类业务优质消费体验。但是由于现有网络不够稳定，会经常影响用户的业务体验。边缘计算可以为游戏行业提供更加快速、公平的环境，进一步提升整个文娱行业的发展。

6.6.1　智能化趋势

目前，游戏行业已经逐步走向正规化、国际化，部分竞技类游戏已经走向正式的体育竞技舞台。在游戏行业中，为了获得更好的用户体验，大多数用户都愿意额外支付一定的费用保障网络的质量。一般来说，游戏的网络延迟要求小于 30ms，竞技性游戏的网络延迟要求小于 10ms，因为部分专业玩家通常能感受到毫秒级的延迟差异。传统的网络架构由于集中式部署，网络传输距离太长，对网络负载构成了巨大的挑战，无法满足网络的时延需求，大容量的流量负载也给网络带宽带来了很大的挑战。

6.6.2　典型的智能应用

云游戏是将游戏应用部署在数据中心的一种游戏方式，其能实现包括游戏指挥控制的逻辑过程，以及游戏加速、视频渲染等对芯片要求较高的任务功能。这样，终端就相当于一个视频播放器。即使没有高端系统和高端芯片的支持，用户一样可以获得良好的游戏体验。与传统游戏模式相比，云游戏具有无安装、无升级、无修复、游戏速度快且降低终端成本等优点，因此推广能力更强。

云游戏最大的特点是用户之间通过网络进行交互，一般流程如下。

- 数据中心向终端发送游戏视频流信息，包括游戏背景图片、人物等。
- 用户根据接收的游戏视频流信息做出相应的操作指令，并发送到数据中心。
- 数据中心根据用户的操作指令不断更新游戏的视频流和其他数据，并同时与其他人交互。

如果采用边缘计算部署，则可以通过部署边缘数据中心，将游戏视频流信息发送到终端，接收用户的控制指令信息进行处理。然后，用户根据接收的视频流信息做出相应的操作指令，并得到快速的响应。

由于云游戏的接入终端多为手机、Pad 等便携式设备，那么将存在不同的玩家通过不同的运营商网络接入同一场游戏的情况。这样，对于同一场游戏的不同玩家通过不同的网络接入方式共同娱乐和竞技，网络的性能会对用户体验影响较大，需要保证不同运营商网络接入的带宽、时延和抖动尽量一致，否则将会影响游戏的公平性，如图 6-7 所示。

图 6-7　云游戏场景

6.6.3　小结

游戏行业应用边缘计算对网络的需求主要集中在低时延、大带宽、移动性接入等需求上，说明如下。

- 低时延：云游戏需要保证时延在 30ms 以下，以保障用户的网络体验。
- 大带宽：云游戏是不断的视频信息交互，需要大带宽的支持。
- 移动性：云游戏有大量用户使用手机进行操作，处在不断移动的场景下，需要支持移动性的网络接入业务迁移。

6.7　智慧建筑边缘计算

建筑行业和人们的生活息息相关，是保障人们生活的关键要素。传统的建筑、建造过程流程缓慢且不易管理，所以在关键时刻更加需要高效安全的建造和维护流程。边缘计算可以结合 5G、物联网等技术为建筑行业带来智能化转型，在面临灾害等特殊需求的场景时，可以更快地给受灾的人们提供保障。

6.7.1　智能化趋势

建筑业项目主要应用方向为房屋建设、基础设施等大基建，每个项目整体投资在几亿到几百亿元不等，数量规模上每年新增施工项目数千个，整个建筑行业体量占国家 GDP 的 1/5~1/4。建筑工地一般处于城市待开发区域、城市边缘或者远离城市区域，相对而言，ICT 基础设施薄弱，然而由于建筑项目数量庞大，目前亟须数字化转型，从而缩短建造周期，保证建造质量。这就对 5G、边缘计算等提出了新需求，希望可以通过运营商级别的通信、计算、存储、定位等核心服务，解决工程建造项目质量、安全、效率、效益等核心问题。

6.7.2　典型智能应用

通过运营商网络与边缘计算相结合，可以提供优质的网络连接服务，并且从预制构件、生产、运输、维护等多方面实现建筑行业数字化改造，包括室内定位、基于三维激光扫描、基于视频分析的施工监测以及基于 AR/VR 的辅助建造等应用。

1. 建造前

- 预制构件管理：基于边缘计算，融合 RFID（Radio Frequency Identification，射频识别）技术和物联网应用，实现在工业化建造过程中，预制构件从基于 BIM（Building Information Modeling，建筑信息模型）的数字化设计、工厂生产、运输，到数字化施工的全过程高效管理，如图 6-8 所示。

图 6-8 智慧建筑场景

2. 建造中

- 视频监控建造：将大量的现场高清视频流通过边缘端进行视频流数据解析，实现视频识别的目的，从而对工人的工作状态和建造进度进行监控，如图 6-9 所示。

图 6-9 视频监控建造

- AR/VR 辅助建造：通过 AR/VR 技术的结合，使得远程专家可以身临其境对现场建造进行指导，目前已经有支持远程可编程的 AR/VR 眼镜供使用。

- 室内定位辅助建造：实现高精度实时室内定位系统，并与室外定位系统相融合，精度要求至少达到厘米级，从而控制现场设备进行高精度的工作。

3．建造后

- 三维扫描和结构力学计算维护：当楼宇建造完成后，需要对其进行防震测试等操作，测试结果用普通肉眼无法辨别，需要用专业的三维扫描设备进行扫描，并由边缘节点进行计算分析，从而保障建筑物的质量，如图 6-10 所示。

图 6-10　后期立体扫描监控分析

6.7.3　小结

建筑行业的数字化转型以及应用边缘计算对网络的需求主要集中在高带宽、低时延、高可靠和安全性需求上，说明如下。

- 高带宽、低时延：视频监控以及 AR/VR 等场景，对带宽及时延有较高要求，需要 1000Mbps 以上的网络带宽。

- 安全：部分如建筑模型、采集的三维数据等具有一些行业隐私性的要求，需要保障网络和数据的安全性。

- 网络数据分流：运营商网络和建造现场网络实现数据对接，以及对网络数据进行准确分流。

- 可靠性需求：一方面需要建立网络的保护机制，提高对网络故障的抵抗性；另一方面需要避免不稳定的无线网络带来的风险。

- 高精度室内定位：目前 5G 室内定位技术所能达到的最高精度为亚米级，建筑行业对室内定位精度的要求是至少厘米级的，而室内定位的精度和网络的性能强相关，所以仍需提高网络的性能以及定位的精度。

6.8　本章小结

边缘计算可以应用在工业、电力、交通、娱乐等各个领域，且与 5G 网络相互结合，可以为用户和企业带来高质量的网络和应用服务。同时，边缘计算由于其部署位置的分布性，也对网络的组网、性能等提出了进一步的需求。

第 7 章

边缘计算网络发展展望

随着未来新型业务应用的快速发展，以及网络基础设施自身价值定位要求的提高，边缘计算对 ECA、ECN 以及 ECI 都提出了新的需求，如海量接入、智能化、超低时延、确定性传输、大带宽、安全防御等。本章将探讨未来边缘计算网络的技术发展方向，以及边缘计算网络整体的发展目标。

7.1　边缘计算网络的技术发展方向

目前，产业界关于边缘计算网络的研究还处于较为初级的阶段，随着边缘计算产业的不断演进与发展，出现了众多新型的网络技术。在边缘计算网络的三层体系（ECA/ECN/ECI）中，其中有代表性的如表 7-1 所示。

表 7-1　边缘计算网络三层体系（ECA/ECN/ECI）中新型网络技术

	ECA	ECN	ECI
无损网络		√	√
DetNet	√		√
算力网络		√	√
内容寻址网络	√	√	√
主动防御网络	√	√	√
6G	√		

1．从有损网络到无损网络

当网络中有超过链路承载能力的报文进行传送的时候，就会出现时延过长、丢包严重及抖动频繁等问题。在我们熟悉的大部分场景中，当以上情况出现时，网络常常是无法使用的，这就需要出现相应的技术在同样的场景下解决这些问题，以满足低时延、零丢包、高吞吐的性能要求。

2．从"尽力而为"到确定性

现在使用的网络大部分以 IP 为基础，IP 网络本质上是一种不够可靠的网络，以"尽力而为"的方式进行信息的传递，对于一些特定的场景无法做到高质量的保证，这就需要在 IP 网络的基础上应用一些"确定性"的技术，在时延、抖动、带宽等方面满足特定场景的需要。

3．从流量哑管道到算力智能网络

传统网络仅仅作为信息传送的一个通道，将数字世界中的信息以报文的形式进行端到端的转发，随着云网融合的发展，网络可以携带更多的资源能力信息，将"算力"作为一种资源进行传播。

4．从 IP 寻址到内容寻址

传统的互联网业务设计理念是面向"主机-主机"的端到端的通信，而互联网业务发展趋势是以内容和服务为中心的，这就要求出现一种内容和服务驱动的网络，以支持更高效的内容分发。

5．从被动安全到主动安全

传统的网络安全架构是一种在现有网络基础架构上建立的分级保护体系，随着未来 5G 和物联网业务的发展，海量的接入设备对原有被动防御的模式提出了挑战，这就需要在网络安全体系中采取一种主动发现问题或者主动改变系统自身结构的防御模式，进而提升系统的安全性。

6．从能力受限的接入到随时随地的接入

传统的网络接入方式为有线接入和无线接入，其中有线接入包含双绞线 RJ45、光纤等常用接入方式，无线包括 3G/4G、WiFi、蓝牙等常用接入方式，未来的网络接入方式将进一步扩展，以实现更丰富的类型终端设备的随时随地接入。

7.2　边缘计算网络的未来技术描述

针对前面提到的几种边缘计算网络的未来发展，下面分别对各方向进行技术描述并给出对应的应用场景。

7.2.1　无损网络技术

无损网络技术通过拥塞控制、负载均衡、流量控制等方式解决边缘计算网络的性能问题，在边缘 DC 网络部署场景中，无损网络技术的应用可实现降低时延、避免丢包、增加吞吐量等功能。

1．技术描述

数据中心网络变革方向为低时延、无丢包、高吞吐。具体可以从时延、丢包、吞吐三个方面进行分析，如图 7-1 所示。

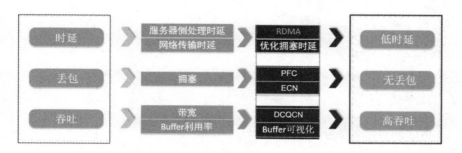

图 7-1　性能指标三方面优化方案

所谓时延不是指网络轻负载情况下的单包测试时延，而是指满负载下的实际时延，即数据流完成时间。其可分为静态时延和动态时延两类。

（1）静态时延包括数据串行时延、设备转发时延和光电传输时延。这类时延由转发芯片的能力和传输的距离决定，而这类时延往往有确定的规格，目前业界普遍为 ns 级或者亚 μs 级，但真正对于网络性能影响比较大的是动态时延，其占比超过 99%。

（2）动态时延包括内部排队时延和丢包重传时延，这类时延由网络拥塞和丢包引起。

吞吐量取决于两个方面，一方面是带宽，另一方面是拥塞场景下的 buffer 利用率。

因此无损网络可以从这三个方面进行针对性优化。

（1）采用目前已经较为成熟的 RDMA 技术对时延进行优化

远程直接数据存取（Remote Direct Memory Access，RDMA）技术实现了在网络传输过程中两个节点之间数据缓冲区数据的直接传递，在本节点可以直接将数据通过网络传送到远程节点的内存中，绕过操作系统内的多次内存复制，相比于传统的网络传输，RDMA 无须操作系统和 TCP/IP 协议的介入，可以轻易地实现超低时延的数据处理、超高的吞吐量传输，不需要远程节点 CPU 等资源的介入，不必因为数据的处理和迁移耗费过多的资源，因此降低了内部网络延迟，提高了处理效率。

（2）采用 PFC、ECN 等技术对丢包现象进行优化

基于优先级的流量控制（Priority-based Flow Control，PFC，简称流控），通过 IEEE802.1Qbb 标准定义的基于优先级的流控实现了不丢包的二层网络。将流量按 802.1Q 协议中虚拟局域网 VLAN 标签的优先级字段分为 8 个优先级，对每个优先级的流量分别实现独立的暂停（PAUSE）机制。对于每个优先级，如果上游的邻居交换机没有接收，则缓冲区会发送 PAUSE 帧，本地交换机就停止数据发送，从而避免了丢包。PFC 协议的目的是实现零丢包的无损传输，其优点是基于全双工、反应快、能够快速缓解拥塞，用于处理内部网络流量突发，这是一个不错的选择。

显式拥塞通告（Explicit Congestion Notification，简写为 ECN1，与边缘计算内部网络 ECN 进行区分），是在 IP 路由器上进行的主动队列管理算法（Active Queue Management，AQM），使得路由器能够监控转发队列的状态，以提供一个路由器向发送端报告发生拥塞的机制，让发送端在路由器开始丢包前降低发送速率，因此能够通过实时响应的拥塞控制避免拥塞传播等的性能损失。

增强传输选择（Enhanced transmission selection，ETS）是基于优先级的带宽分配处理，ETS 用于实现承诺带宽。设备通过 ETS 参数与对端进行协商，控制对端指定类型数据的发送带宽大小，保证其在接口的承诺带宽范围之内，从而不会因流量拥塞而导致数据丢失。

数据中心网桥交换协议（Data Center Bridging eXchange Protocol，DCBX）用于 DCE 中各网络单元进行桥能力协商以及远程配置。通过 DCBX，交换机之间，以及交换机和网卡之间可以协商和自动配置 DCB 参数，实现简化配置及保证配置一致性的目的。

（3）采用 DCQCN 技术对吞吐性能进行优化

数据中心量化拥塞通告（Data Center Quantized Congestion Notification，

DCQCN）在 IEEE 802.1Qau 标准中有明确的定义，其主要原理是当配置拥塞检测点（Congestion Point, CP）的桥端口检测到拥塞情况时，则通过拥塞通知消息将拥塞情况反馈给导致拥塞的反应点（Reaction Point, RP），通知其进行自身数据传送速率的控制。

2．应用场景

在边缘 DC 的 CLOS 架构网络中，应用无损网络技术，降低了丢包率和吞吐率，并实现了网络性能的提升，如图 7-2 所示。

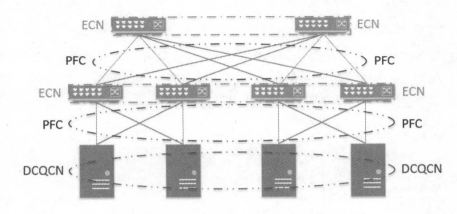

图 7-2　无损网络技术在边缘 DC 中的应用

- 为避免拥塞丢包，需要在 Leaf 与 Spine 之间部署 PFC 流控技术。同时，Spine 设备也需要支持基于拥塞的 ECN1 标记。

- Leaf 作为服务器网关，支持和服务器之间基于 PFC 的流量控制，同时支持拥塞 ECN1 标记；为了提高吞吐量，需要在服务器网卡端支持 DCQCN，将发送速率调整到最优。

- 全网设备部署 PFC、ECN1，基于业务特征配合可视化技术，利用 SDN 控制器根据业务流量特征实现调优，为网络的稳定运行提供无损保障。

RDMA 网络正式通过在网络中部署 PFC 和 ECN1 功能来实现无损保障。PFC 技术可以实现对链路上 RDMA 专属队列的流量进行控制，并在交换机入口（ingress port）出现拥塞时对上游设备流量进行反压。利用 ECN1 技术可以实现端到端的拥塞控制，在交换机出口（egress port）拥塞时，对数据包做 ECN1 标记，并让流量发送端降低发送速率。

7.2.2 DetNet 技术

DetNet（确定性网络）技术用于解决边缘计算网络中存在的时延、丢包问题，当边缘计算系统无法部署在离用户足够近的位置时，可以通过 DetNet 技术的应用，将网络指标降低到可接受的范围内，实现边缘计算系统的高效运作。

1. 技术描述

DetNet 是指在一个网络域内给承载的业务提供确定性业务保证的能力，这些确定性业务保证能力包括时延（低时延与确定性时延）、时延抖动、丢包率等指标。其中确定性时延与低时延不同，如图 7-3 所示。

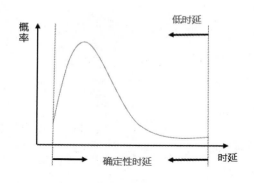

图 7-3 低时延与确定性时延

（1）确定性时延是指将时延控制在一定的范围内，而在传统的 IP 网络中，时延是存在长尾效应的，一般网络中的时延由多个单跳时延累加而成。

（2）单跳时延则由链路时延和节点内时延组成。

- 链路时延是指数据包在链路上传输的时延，主要受链路长度和该链路传输速率的影响。通常情况下，当网络设备部署后，它们的位置基本不会发生变化，即链路长度是固定的。同时，链路的传输速率依赖于线缆媒介，即是不变的。所以链路时延相对比较稳定，除非通过减少距离（比如部署边缘计算节点）或者升级线缆来降低时延。

- 节点内时延指的是设备内部操作造成的时间消耗，比如排队、NP 处理等。节点内部时延变动较大，图 7-3 中所示的长尾效应主要就是由节点内时延产生的。

DetNet 具有如下几个特征。

（1）时钟同步

所有网络设备和主机都可以使用 IEEE 1588 精确时间协议将其内部时钟同步到 1μs~10 ns 的精度。大多数（不是全部）确定性网络应用程序都要求终端及时同步，有些队列算法还要求网络节点同步，有些则不需要。

（2）零拥塞丢失

通过调整数据包的传送并为临界流(critical flow)分配足够的缓冲空间，可以消除拥塞。

（3）超可靠的数据包交付

DetNet 可以通过多个路径发送序列数据流的多个副本，并消除目的地或附近的副本。不存在故障检测和恢复周期，每个数据包都被复制并被发送到或接近其目的地，因此单个随机事件或单个设备故障不会导致丢失任何一个数据包的结果。

（4）与尽力而为（best-effort）的服务共存

除非临界流的需求消耗了过多的特定资源（例如特定链路的带宽），否则可以调节临界流的速度。这样，尽力而为的服务质量实践，例如优先级调度、分层 QoS、加权公平队列等仍然按照其惯常的方式运行，但临界流降低了这些功能的可用带宽。

2．应用场景

（1）DetNet 技术在边缘计算系统高置场景中的应用

在某种情况下，边缘计算系统可能无法在最靠近的边缘端侧位置部署，则需要将其进行高置，例如从接入网关侧高置到汇聚网关侧。

边缘计算离端侧越近，需要部署的站点数量越多，成本也越高；边缘计算离端侧越远，经过的设备跳数越多，流量的不确定性也越多，时延也越大。

当边缘计算系统无法进行低置部署时，DetNet 技术可以满足在边缘计算系统在高置部署时的可用性需求。使用 DetNet 设备（如 DetNet 路由器）组建承载网，可以保证单跳时延超低，端侧访问边缘计算站点的跳数与时延可期，完全不受其他流量影响，如图 7-4 所示。

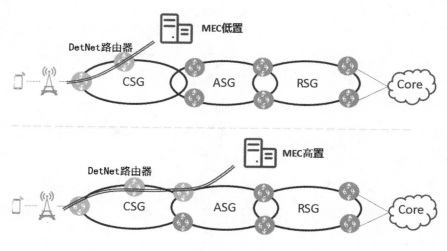

图 7-4　DetNet 技术在边缘计算系统相应场景中的应用

（2）DetNet 技术在未来边缘计算在线场景中的应用

目前，大型在线网络游戏，如移动式 AR/VR 游戏，由于硬件受限、场景受限等弊端，未能得到大规模的普及；随着边缘计算的普及、增长以及 5G 的商用，移动式云 AR/VR 的业务场景必将大受欢迎。

如前所述，在线游戏本质上是一种云和端结合的交互式在线视频流，其本质是对于部署在边缘计算的云侧拥有超强算力和低时延的网络。在线游戏更多的渲染工作在边缘计算云侧完成，然后通过网络传送给用户侧，如手机、PC、Pad、机顶盒等终端设备；用户通过输入设备（虚拟键盘、手柄等）对在线游戏进行实时操作。

在线游戏要求确定性时延满足用户/玩家的游戏体验。为了公平起见，各个用户/玩家同时发出的操作命令应该同时到达边缘计算服务器并按实时信息进行处理。这里的"同时"指的是相同的时隙,网络传输越快和抖动越低,服务器划分越细粒度的时隙,用户/玩家越能体验到更顺畅的操作。如一些使用了 AR/VR 终端技术的游戏客户端对游戏渲染的端到端时延提出了苛刻的要求,一般要求玩家动作响应小于 20ms 以消除游戏画面不匹配带来的眩晕感,如图 7-5 所示。

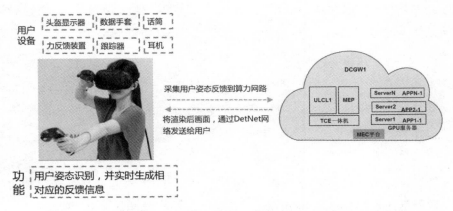

图 7-5　DetNet 技术在未来边缘计算在线游戏场景中的应用

7.2.3　算力网络技术

伴随着 AI 的快速发展,高效边缘算力成为支撑智能化社会发展的关键要素,并开始向各行各业渗透,算力网络作为一种新型网络架构逐渐被业界认可,并有可能成为网络演进的新方向。算力网络利用云网融合技术以及 SDN/NFV 等新型网络技术提高了端、边、云三级计算的协同工作效率。算力网络将边缘计算节点、云计算节点以及含广域网在内的各类网络资源深度融合在一起,减少边缘计算节点的管控复杂度,并通过集中控制或分布式调度方法,与云计算节点的计算和存储资源、广域网的网络资源进行协同,组成新一代信息基础设施,为客户提供包含计算、存储和连接在内的整体算力服务。与传统网络直接为人类服务相比,算力网络直接为智能机器服务,并通过智能机器间接为人类服务。

1. 技术描述

业务层网络由业务处理节点和节点之间的连接组成，未来网络要从信息传输为核心的信息基础设施，向融合感知、传输、存储、计算、处理为一体的智能化信息基础设施发生转变，这对业务处理节点的功能、节点之间的连接技术都提出了新的要求：业务节点从只处理电信业务的封闭模式向可对外开放，并提供开放算力服务能力的新形态节点的发展趋势靠近，如边缘计算连接从"对业务无感知，私有网络"向"感知用户业务需求，为数据和算力服务之间建立按需连接"的开放型网络发展。

多接入边缘计算，其中的多接入包含 MBB、WLAN 等多种接入方式，可以看作是一个运行在电信网络边缘的、运行特定任务的云服务器。边缘计算为应用开发者和内容提供商提供了极低的时延和大带宽，以及可以实时获取无线网络信息的业务环境，从而为终端用户提供差异化的业务和服务。

一方面，边缘计算部署在靠近基站的接入环、接入汇聚环等边缘位置，使得内容源最大程度地靠近终端用户，甚至可以使终端能够在本地直接访问内容源，从数据传输路径上降低了端到端业务的响应时延。边缘计算通过将对应的网络功能部署在最靠近用户的边缘位置，使业务达到极致的体验。据研究，未来有 70%的互联网内容可以在靠近用户的城域范围内终结。基于边缘计算，可以将这些内容存储在本地，边缘计算与终端用户之间的传输距离缩短，流量在本地被"卸载"，节省了边缘计算到核心网和 Internet 的传输资源，进而为运营商节省大约 70%的网络建设投资。目前，越来越多的细分领域希望基于电信网络实现行业定制，通过边缘计算提供开放的平台，可实现电信行业和垂直行业的合作业务创新。ETSI 定义的边缘计算是具备无线网络能力开放和运营能力开放的平台，边缘计算可通过公开 API 的方式为运行在其平台主机上的第三方应用提供无线网络信息、位置信息、业务使能控制等多种服务。

另一方面，计算技术正在向着轻量化、动态化、应用解构成服务/功能的方向变化和发展。计算载体从虚拟机发展到容器以及 unikernel；镜像大小由 VM 的 GB 级别，到容器的 MB 级别逐步降低到 unikernel 的 KB 级别；实例化时间由分钟级到秒级再到 100ms 级，变得更加轻量化，启动更快，运行代价也更小。此外，随着微服务的发展，传统的 client-server 模式被解构，server 侧的应用解构成功能组件布置在云平台上，由 API gateway 统一调度，可以做到按需动态实例化，服务器中的业务逻辑转移到 client 侧，client 只需要关心计算功能本身，而无须关心 server、虚拟机、容器等计算资源，从而实现 function as a service（算法即服务）。未来应用无须感知 server，计算生命周期缩短、地点动态变化的趋势使得互联网架构的业务假设发生变化。

其次，计算资源融入网络使得架构的拓扑假设也要发生变化。传统互联网架构的基本拓扑抽象为端到端模型：网络在中间、计算在外围，主机通过网络实现逻辑虚拟的全连接。而在边缘计算或者泛在计算的场景中，拓扑变成了计算嵌在网络中间，从完成用户计算任务的角度去看，嵌入的资源不再是对等的 peering 关系，而需要考虑距离的不同，以及网络状况的好坏。

边缘计算乃至泛在计算场景中，由于单个站点的算力资源有限，需要多站点协作，现有架构一般通过集中式编排层来管理和调度，存在可扩展和调度性能较差的问题。现有业务应用层和网络解耦，应用层无法精准、实时地掌握网络性能，以应用层为主的寻址结果的综合性能可能不是最优，甚至比较差，导致业务体验差。此外，当前互联网的假设是静态的 server 加上移动的 client，传统基于 DNS 解析的 IP 寻址，以及建立 TCP/TLS 会话的网络模式，也难以发挥动态、微服务、泛在计算的优势，不能保证计算效率最大化。未来网络架构，需要能够支持不同的计算类应用，根据不同的业务需求和网络实时状况，计算资源的实时状况，并可以动态地路由到离 client 不同距离的计算节点上执行计算任务。

2．应用场景

算力网络应用场景主要聚焦在满足不同业务对低时延和大带宽要求的层面，根据产业、生态以及应用的发展状况，从短期、中期、长期三个阶段来规划并实施。

- 短期集中在本地大流量业务、智慧工业、校园等园区业务，并结合网络能力状况，在场馆等场景中提供本地业务的订购和发放能力。

- 中期考虑 AR 等相关行业应用，充分利用无线带宽资源，并发挥出边缘计算在边缘侧的"5G+计算"的处理能力。

- 长期可进阶到以自动驾驶为代表的车联网业务，以及移动性较强的无人机业务，让产业带动网络的发展，实现边缘计算的广泛与规模化部署。

以车联网辅助驾驶场景为例说明。对于车辆外部由于遮挡、盲区等视距外的道路交通情况，需要通过边缘计算节点获取该车辆位置周边的全面路况交通信息，并将数据进行统一处理，对有安全隐患的车辆发出警示信号，辅助车辆安全驾驶。

当本地的边缘节点过载时，辅助安全驾驶通知会发生延迟，这可能导致交通事故的发生。通过算力网络将时延不敏感的业务（如车载娱乐）从本地节点调度到其他节点进行计算，以降低本地节点的负载，使得低时延业务在本地优先处理，保证其用户体验和可用性，如图 7-6 所示。

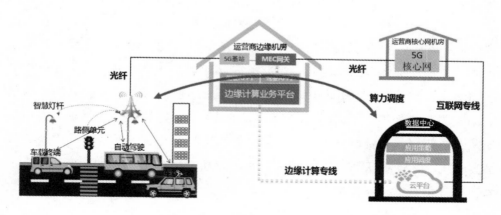

图 7-6　算力网络在车联网边缘计算场景中的应用

7.2.4　内容寻址网络技术

内容寻址网络技术可应用于未来的边缘业务访问场景中，各类终端设备对于服务内容的请求不再局限于传统 IP 网络的"主机-主机"通信模式，而是寻求一种高效的以内容为中心的网络通信模型,如 ICN(Information-Centric Networking, 信息中心网络)。

1. 技术描述

当前互联网的设计理念是面向"主机-主机"的端到端通信。但随着网络应用的主题逐步向内容请求和信息服务演进,用户关注的不再是内容存储在哪里,而是内容信息本身,以及对应的检索传输速度、服务质量和安全性。传统面向主机的互联网通信模式与当前以内容为中心的应用和服务需求难以匹配,导致内容传输效率低下。

要从根本上解决内容服务与分发问题,必须让网络架构和通信模式的设计与内容服务需求相适应,打破传统"主机-主机"通信模式的束缚,基于内容寻址的网络架构采用以内容为中心的网络通信模型来支持高效的内容分发。

基于内容寻址的网络是一种面向内容共享的通信架构。内容寻址将信息对象作为构建网络的基础,基于内容名字进行数据共享和交换,不需要关心特定的物理地址和主机。基于内容寻址网络中,利用网络的内置缓存提高传输效率,而不关心数据存储位置。这种新的网络架构专注于内容对象、属性和用户兴趣,采用信息共享通信模型,从而实现高效、可靠的信息分发,如图 7-7 所示。

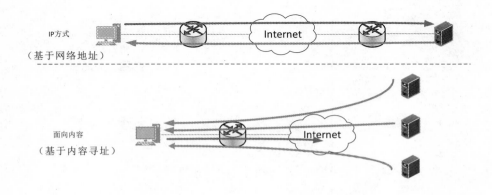

图 7-7　IP 方式与面向内容寻址通信方式对比

内容寻址网络中的路由协议可采用类似 IP 网络中的路由协议。不同的是，内容寻址网络中网络设备采用名字前缀而不是 IP 前缀作为信息标识。内容寻址路由器根据路由协议生成名字路由表，并生成名字转发表加载到路由器数据面指导数据分组转发。当前的 AS 内路由器协议 OSPF、AS 间路由协议 BGP 都能够适用于基于名字前缀的路由。

2．应用场景

内容寻址网络技术可以结合边缘计算在小区上网的场景中进行应用。

小区宽带用户在接入互联网进行内容访问时，在同一时刻只能选择单一的接入方式。同时，他们在上网时一般只会关心自己所访问的内容和访问速度，而不会关注内容存储的位置。对于一个小区而言，一般是多家运营商共存的情况，这些运营商之间是相互独立的，这样就造成了带宽资源的浪费。

我们可以通过在一个小区或者多个小区的业务边缘，部署一个被称为"智慧协同路由器"的设备，采用面向内容共享的通信机制，实现网络资源共享并提升网络访问速度，改造方式如图 7-8 所示。

图 7-8　内容寻址网络技术在小区宽带上网场景中的应用

7.2.5　主动防御网络技术

边缘安全是边缘计算的重要保障。边缘安全涉及跨越云计算和边缘计算纵深的安全防护体系，增强边缘基础设施、网络、应用、数据识别和抵抗各种安全威胁的能力，为边缘计算的发展构建安全可信的环境，加速并保障边缘计算产业的发展。

随着物联网的发展，未来边缘接入终端数量庞大，带来的网络安全风险也将随之倍增，如何安全的保护网络，保障用户的合法权益，已成为大家普遍关注的问题。安全可信的网络涉及运营商网络安全保障（如鉴权、秘钥、合法监听、防火墙技术等），以及面向特定行业的 TSN、工业专网等。主动防御网络为边缘计算网络安全引入了一种不同于传统网络安全的动态防御手段，可应用于边缘计算网络的各个位置，实时构建弹性防御体系，避免、转移、降低信息系统面临的风险。

1．技术描述

传统的网络安全防御思想是在现有网络基础架构的基础上建立包括防火墙和安全网关、安全路由器/交换机、入侵检测、病毒查杀、用户认证、访问控制、数据加密技术、安全评估与控制、可信计算、分级保护等多层次的防御体系，通过不同类型传统安全技术的综合应用来提升网络及其应用的安全性。

所谓主动防御，是指网络能够在主动或者被动触发条件下动态的、伪随机的选择执行各种硬件变体以及相应的软件变体，使得内外部攻击者观察到的硬件执行环境和软件工作状态非常不确定，无法或很难构建起基于漏洞或者后门的攻击链，以达到提升系统安全的目的。将主动防御用于边缘计算网络体系的各个层次，尤其是在 ECA 网络中，可以极大程度地降低网络被攻击的风险。

2．应用场景

（1）主动防御技术在主机被攻击场景中的应用

在边缘计算网络中，当外部攻击者对系统发起漏洞攻击，系统感知到攻击动作时，则随机选择执行硬件变体以及相应的软件变体。当外部攻击者下次再次进行扫描时，则可能会认为被攻击的对象发生了改变，重新执行漏洞攻击操作，从而无法实现一整套的攻击操作，如图 7-9 所示。

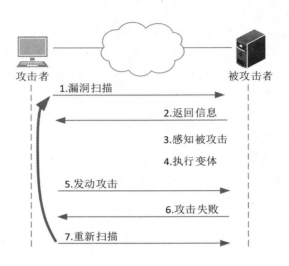

图 7-9　主动防御技术在主机被攻击场景中的应用

（2）主动防御技术在权限控制中的应用

权限控制服务涉及网络服务平台的权限控制，直接影响网络平台的安全性。因此，非法用户对控制服务平台的攻击将直接威胁整个边缘计算网络的安全，利用主动防御技术可有效提高信息系统的安全性。主动防御技术在边缘计算的权限控制中主要分如下几个步骤（见图 7-10）。

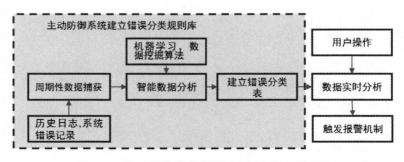

图 7-10　主动防御技术在权限控制中的应用步骤

Step1：自动数据捕获。自动数据捕获依赖完成的日志记录系统和错误捕获机制。这里的数据主要来自边缘计算节点的历史日志记录或系统错误记录，完整有效的数据记录是权限控制的基础。

Step2：智能数据分析。获取数据后，通过数据挖掘技术或机器学习技术，分析出可疑数据。如对用户登录表的分析、对用户日志的分析、对用户操作记录的分析，以及将上述数据进行联合分析。根据完整性原则、连续性原则、时效性原则等，最终得出错误数据的列表。数据分析是建立错误分类规则表的基础。

Step3：错误分类规则表的建立。在对数据分析后，获取入侵行为事件，并对这些入侵事件进行分类标记，建立错误分类规则表。当系统再次出现此类事件时，即触发系统的自动报警机制。

7.2.6　6G 技术

第六代移动通信技术，即 6G 网络，将实现真正的万物互联，支撑人、机、物实现全时空、安全、智能的连接与服务。在 6G 网络时代，海量的原始数据在无线网络边缘产生并汇入通信网络，不仅占用大量的带宽资源，还对快速、可靠的传输和计算提出了巨大的挑战。6G 技术在边缘计算系统的接入场景中，提供了更为灵活的网络接入方式，使边缘计算接入网络能够容纳更庞大数量的边缘设备接入。

1. 6G 技术描述

6G 网络将进一步提高通信速率，预计在 1Tbit/s 量级以上，进一步拓展通信空间，由目前的陆地覆盖拓展至海洋、天空、太空场景下的多域和广域覆盖。其将进一步加强和完善通信智慧，由目前单一设备的智能处理演进到多设备、多网络之间的协同跨域联动智能处理，并且从信息传输、处理及应用层面进一步加强和深化通信智慧。

现有的 5G 网络技术难以在信息广度、信息速度及信息深度上支持人、机、物三元空间的深度融合与应用，需要在网络架构和核心技术方面加以突破，支撑未来应用的业务需求。为了满足 6G 网络的泛在化、社会化、智能化、情景化、广域覆盖及多域融合的需求，在 5G 移动通信技术的基础上，进行全面优化和拓展延伸，6G 移动通信将应用全新的太赫兹频谱频段，广泛使用空间复用技术，涉及的关键技术包含可见光通信、太赫兹通信、动态频谱共享和空间复用技术等，如图 7-11 所示。

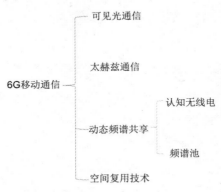

图 7-11　6G 中涉及的关键技术

2．可见光通信

可见光通信（Visible Light Communication，VLC）技术是指利用可见光波段的光作为信息载体，不使用光纤等有线信道的传输介质，而在空气中直接传输光信号的通信方式。

LED（Light Emitting Diode）可见光通信是基于可见光发光二极管比荧光灯和白炽灯切换速度快的特点，利用配备 LED 的室内外大型显示屏、照明设备、信号器和汽车前尾灯等发出的肉眼观察不到的高速调制光波信号来对信息调制和传输，然后利用光电二极管等光电转换器件接收光载波信号获得信息。无论应用于室内还是室外的可见光 LED 通信系统，在其物理实现上均分为光信号发射和光信号接收两部分。

（1）光信号发射部分包括将信号源信号转换成便于光信道传输的电信号的输入和处理电路，以及将电信号变化调制成光载波强度变化的 LED 可见光驱动调制电路。

（2）光信号接收部分包括能对信号光源实现最佳接收的光学系统、将光信号还原成电信号的光电探测器和前置放大电路、将电信号转换成可被终端识别的信号处理和输出电路。

　　与现有 WiFi 相比，未来的可见光通信更安全、更经济。WiFi 依赖看不见的无线电波传输，设备功率越来越大，局部电磁辐射势必增强，无线信号穿墙而过，网络信息不安全。这些安全隐患，在可见光通信中"一扫而光"，而且，光谱比无线电频谱大 10,000 倍，意味着更大的带宽和更高的速度，网络设置又几乎不需要添加任何新的基础设施。

3．太赫兹通信

　　从 2G、3G、4G 到如今的 5G 网络，无线通信的频段已从 1GHz 以下扩展至 52.6GHz，高频段的可用频率多、可支持带宽大的特性，使业界对于 6G 的潜在技术展望继续关注更高频段。太赫兹波段的通信技术被认为是有望解决频谱稀缺问题的有效手段，引起了世界各国的高度关注。

　　太赫兹波段（简称 THz）是指频率在 0.1~10THz（波长为 3000~30um）范围内的电磁波，频率介于技术相对成熟的微波频段和红外频段两个区域之间。由于太赫兹频段相比微波频段带宽更宽，可提供数十吉比特每秒甚至更高的无线传输速率。同时，其波束窄，方向性更好，还可采用扩频、调频技术，实现更好的通信保密性和抗干扰能力，因此，普遍认为太赫兹通信适合于中、近距离通信或太空无线通信。

　　太赫兹技术作为非常重要的交叉前沿技术领域，是当今国际学术研究的前沿和热点。美国政府在 2004 年将太赫兹技术评为"改变未来世界的十大技术"之一，欧盟在第 5 到第 7 框架计划中启动了一系列跨国太赫兹研究项目，日本政府在 2005 年将太赫兹技术列为"国家支柱十大战略目标"之首。由于太赫兹波具有高宽带、高穿透性等特性，太赫兹通信技术为需要超高数据速率的各种应用打开了大门，并在传统网络场景以及新的纳米通信范例中开发了大量新颖应用。基于太赫兹的卫星通信可用于星地间骨干链路、星间骨干链星-浮空平台间链路、星-飞行器间链路、飞行器/浮空平台与地面间链路，实现大容量信息传输,同时可用于军事保密通信、无线纳米网络通信等领域。

4．动态频谱共享

　　无线频谱是信息经济时代的重要战略性资源，是信息化和工业化深度融合的重要载体，目前主要由国家统一管理和授权使用。随着移动互联网技术的发展，无线数据量呈现爆发式增长，这给原本就稀缺的无线频谱资源带来了更大的压力。在异构网络共存、密集覆盖的场景下，如何管理传统的 IMS 系统频谱，未来用于 6G 网络的无线频谱以及新开放的重耕频谱，达到提高频谱资源利用率、降低干扰、优化网络性能的目的，是未来无线网络中需要重点考虑的问题。

在现有静态的频谱管理方式下，频谱资源的使用主要存在两个矛盾：一是可用频谱资源稀缺，而已用频谱资源利用率低；二是频谱划分固定，而频谱需求动态变化。这种问题的根源在于频谱管理方式确定的频谱划分无法及时地根据需求做出调整。采用动态的频谱管理方式进行动态频谱共享，是解决上述矛盾的方法之一。

频谱池是一种动态频谱共享技术，指通过频谱管理系统将不同用户的空闲频谱集中起来形成一个资源池。频谱池系统中提供空闲频谱的用户为主用户，通过申请和使用频谱的用户为次用户。主用户多为授权频谱用户，其频谱较多，次用户自身频谱不足，需要额外的频谱资源，主用户可通过将空闲频谱出租给次用户使用并获得一定的收益。次用户可能是非授权频谱用户，如 ISM 频段用户，也可能是无空闲频谱的授权用户。频谱池系统通过一定的市场手段能有效地配置频谱资源，同时需要一个第三方频谱管理系统对整个系统进行管理。

将频谱共享的多种方式和实现技术结合起来可更好地提高频谱利用率，例如为每个系统设定其私有和公有频谱池、时分动态频谱共享与空分动态频谱共享相结合、基于频谱池的认知无线电方案等，可以更大程度地提高频谱资源的利用率。

5. 空间复用技术

6G 移动通信将使用空间复用技术，其基站可以同时接入上千个无线外部连接，容量将达到 5G 的 1000 倍。多进多出（Multi Input Multi Output, MIMO）技术是通过增加天线的数量构造多天线阵列来补偿高频路径上的传输损耗，空间复用技术的作用是能在 MIMO 多天线的阵列配置下提高传输数据量。高速率的数据流在信号的发射端被分割为多个低速率的子数据流，分割得到的不同子数据流在不同的天线上以相同的频段发射出去，又因为发射和接收端天线阵列之间的空域子信道不同，接收天线能够区分这些同频并行的子数据流，所以不再需要消耗额外的频率或时间来识别它们。

6. 应用场景

频谱池应用于边缘计算接入，当无线用户需要连接边缘云时，就通过频谱管理系统从频谱池中获取可用的频谱资源，再通过频谱管理系统通知边缘云，协商完成后，用户通过分配的频谱资源接入边缘云，如图 7-12 所示。

图 7-12　动态频谱共享技术在边缘计算接入场景中的应用示意图

7.3　边缘计算网络发展下一步——智能网络

未来边缘计算的网络，无论是 ECA、ECN 还是 ECI，从整体上来讲都将是极简的智能化网络，即智能网络。通过网络的自动化、人工智能以及数字孪生等技术，使能网络架构极简和智能运维，实现更好的性能和更高的效率。

7.3.1　边缘计算智能网络的定义

边缘计算智能网络可以从两个方面来看。一方面是网络架构的极简，网络的每一个部分都尽可能简化，包括 ECA、ECN 和 ECI，这是使能边缘计算网络智能化的基础；另一方面是网络运维的智能化，不但实现单个边缘节点的域内自治，同时也兼顾跨边缘节点的智能协同。

例如，利用边缘计算网络实现自动驾驶。这里参考华为提出的五级自动驾驶网络的理念及标准，可将自动驾驶网络分级为 L0~L5，如图 7-13 所示。

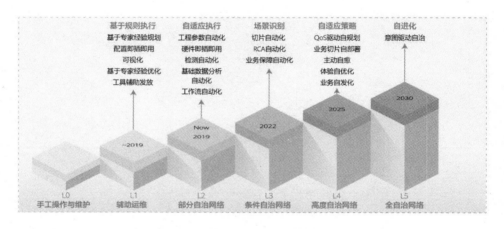

图 7-13　华为提出的自动驾驶网络五级理念及标准

- L0 手工操作与维护：自动驾驶具备辅助监控能力，所有动态任务都依赖相关的人执行。

- L1 辅助运维：自动驾驶系统基于已知规则重复性地执行某一子任务，提高重复性工作的执行效率。

- L2 部分自治网络：自动驾驶系统可基于确定的外部环境，对特定的单元实现闭环运维，降低对相关人员的经验和技能要求。

- L3 条件自治网络：在 L2 的能力基础上，自动驾驶系统可以实时感知环境的变化，在特定领域内基于外部环境动态优化调整，实现基于意图的闭环管理。

- L4 高度自治网络：在 L3 的能力基础上，系统能够在更复杂的跨域环境中，面向业务和客户体验驱动网络的预测性或主动性闭环管理，在客户投诉前解决问题，减少业务中断和对客户的影响，大幅提升客户满意度。

- L5 全自治网络：这是电信网络发展的终极目标，系统具备跨多业务、跨领域的全生命周期的闭环自动化能力，实现真正的无人驾驶。

7.3.2　边缘计算智能网络的关键技术

智能化和自动化能力的增强使得网络可以根据特定策略实现动态、灵活的调整，也可以实时感知网络面临的挑战（如网络故障、SLA 异常、性能下降等），通过策略驱动闭环控制，实现网络自治。边缘计算网络的智能化涉及几个技术点，下面简要说明。

1．全网数据智能感知技术

全网数据智能感知技术是边缘计算网络智能化的基础。要实现对边缘计算网络的全面直接的智能观察、全网业务运行情况的监控，则需要通过网络的原生数据进行感知、获取、统一、汇聚和关联全网的网络状态，以及业务流程和用户行为，形成共享、统一的网络数据集。这些网络数据集可以提供不同维度且相互结合的数据拓扑展示，如水平（跨业务）、垂直（跨层）。

2．全网基础设施智能管理技术

基础设施的智能管理涉及网络链接自动建立、边缘网元自动纳管，以及站点业务自动配置、测试、上线的全程自动化，实现了设备的即插即用功能，降低安装和部署成本，一次上站开通业务，站点上线时长从以周为单位缩短至以天为单位，甚至可以以小时为单位计算。

3．全网应用的智能管控技术

全网应用的智能管控技术涉及边缘计算应用的快速智能部署、应用智能升级、应用智能迁移以及策略资源的集中纳入管理等，通过这些智能化的技术实现人力的低成本化，并降低技术人员的技术门槛。它还支持定制化的部署策略及自动复制功能，在实现一点创新后能快速全网复制。

4．全网智能运维、边缘自治技术

边缘节点由核心网管控单元对其进行集中管理，核心网管控支持对所有边缘设备的全局监控，支持批量远程升级和策略下发，减少近端频繁上站带来的运维成本。同时，边缘节点自身支持自动弹性伸缩（可快速响应业务调整诉求），以及基于自定义策略的故障自愈（如边缘脱管时，部分故障可快速自愈）。

7.4　本章小结

随着智能技术的发展和网络设备的升级，未来边缘计算网络技术将在随时随地接入技术、大带宽、超低时延、无损传输、确定性传输、寻址方式以及安全防御等方面得到很大的发展，以满足新型的业务需求，带来更好的用户体验。同时，从网络的整体发展来看，未来边缘计算网络将是智能化的网络。通过网络的自动化、人工智能以及数字孪生等技术，使能网络架构极简和智能运维，提供给客户极致的用户体验。

参 考 文 献

［1］ 周一青, 潘振岗, 翟国伟, et al. 第五代移动通信系统 5G 标准化展望与关键技术研究[J]. 数据采集与处理, 2015(4):714-722.

［2］ 雷波, 刘增义, 王旭亮, 杨明川, 陈运清. 基于云、网、边融合的边缘计算新方案: 算力网络[J]. 电信科学, 2019（09）:44-51.

［3］ 魏垚, 谢沛荣. 网络切片标准分析与发展现状[J]. 移动通信, 2019,43(4):25-30.

［4］ 刘增义, 雷波, 杨明川. 人工智能在 NFV 中的应用研究[J]. 电信科学, 2019(05):2-8.

［5］ ETSI. Network Functions Virtualisation (NFV);Architectural Framework [S/OL].(2014-12).

［6］ ETSI. Network Functions Virtualisation (NFV);Use Cases[S/OL]. (2013-10).

［7］ 华为. 华为数据中心网络设计指南[OL].

［8］ 中国互联网协会. 软件定义广域网（SD-WAN）研究报告[R]. 2018.

［9］ 李德伟. 云架构下的 SD-WAN 技术探讨[J]. 通信世界,2020(027)002:13-14.

［10］ 吴建华. SD-WAN 在企业组网中的应用分析[J]. 电子世界, 2020(04):173-174.

［11］ 推进 IPv6 规模部署专家委员会, SRv6 技术与产业白皮书(2019).

［12］ RFC 8402. Segment Routing Architecture[OL].

［13］ 新华三. EVPN 技术白皮书[Z].

［14］ Rfc 7432. BGP MPLS-Based Ethernet VPN[OL].

［15］ Rfc 7209. Requirements for Ethernet VPN (EVPN) [OL].

［16］ SDNLAB. EVPN 简介及实现[OL].

［17］ 华为. EVPN 原理描述[OL].

［18］ 机房 360. 实现数据中心间互通的纽带——DCI 技术[OL].

［19］ ETSI. Multi-access Edge Computing (MEC) Framework and Reference Architecture(2016)[S].

［20］ 3GPP. TS 23.501, System Architecture for the 5G System (Release 15)[S]. 2018.

［21］ 宋军. 5G 时代，运营商的边缘计算困局[OL].

［22］ 中国移动. 5G 工业互联网应用场景白皮书[Z]. 2020-03.

［23］ 中国移动. 网络切片分级白皮书[Z]. 2020-03.

［24］ 工业互联网边缘计算技术研究，2018B43，CCSA ST8

［25］ 工业互联网产业联盟. 工业互联网网络连接白皮书[Z]. 2018 年 10 月.

［26］ 刘曦. 数据中心网络 SONiC 白盒技术的发展趋势[J]. 通信世界，2019(33):42-43.

［27］ 搜狐网. 云计算与边缘计算协同九大应用场景.

［28］ 华为技术有限公司. 华为核心网自动驾驶网络白皮书[Z]. 2019 年 11 月.

［29］ 中国联通. 中国联通算力网络白皮书[Z]. 北京：中国联通，2019.